牙醫師・作家・環保志工 **李偉文**
泛科學主編 **陸子鈞**
野生動物攝影師 **奚志農**
動物學博士 **張勁碩**

自然推薦

離開叢林太多年

自然控的**動物科學教室**

果殼 Guokr.com 作品

牠們用渾身解數來爭取愛情
奮力拼搏求生存
為環境變化而苦惱
同樣被誤會，被傷害⋯⋯

在人類還未擁有生火絕技的年代裡，
我們也曾經這樣活著⋯⋯

這是一座自然控們所狂熱的活生生叢林。

出版序
多識於鳥獸草木之名

作為一個科學傳播工作者，我給朋友們帶去的驚詫或許並非那些顛覆常識的知識，或者出人意料的細節，而是我的中文系專業出身。「文科生為什麼要來搞『科普』」，這是我最常被問及的問題。

這個問題想久了，不免就總會繞到「多識於鳥獸草木之名」上去。這話是孔子曾經說過的，當然是好話。對世界充滿好奇心的人，從什麼文本中都能抓取到有用的東西，讀《詩經》碰到雎鳩、蜻蟀、白茅、飛蓬之類的名物，自然免不了多看兩眼，暗暗記下來，更不用說《駉》（按：音ㄐㄩㄥ）裡面十來種馬的名目了。

自然世界是一本遠比《詩經》大得多的書。好奇心同樣驅使人探求每一種草木鳥獸與其他種類的不同，探求牠們彼此之間的相互關係以及各自恰當的位置。作為一個好奇心過剩的人，或者說「知識收集癖者」，我也不會放過這麼有趣的工作。2006年年底，七國科學家參與的「長江淡水豚類調查」基本確認白鱀（按：音ㄐㄧˋ）豚功能性滅絕。在隨後的報導過程中，我才第一次接觸到「亞目」、「總科」這樣的分類單元，才知道白鱀豚和江豚是相去甚遠的兩個物種。或許這就是新思路的開端，當時我正好又有大把的空閒時間，便全數投進了動物分類這個領域。後來又因為工作的關係開始密集接觸瘦駝、劉夙、邢立達、外星兔這些專業人士——在這本書

3

裡，在果殼網，都能讀到他們的文章。

從動物分類向前推進，我笨拙地踏進了博物的廣闊領域。接下來，又以此為起點嘗試著瞭解進化論和分子生物學，進而擴展到更多的領域。作為一個「知識收集癖」愛好者，我不會放過博物學的任何一個分支。雖然每一種都只是淺嘗輒止，但已經足夠讓我用一種新的方式來理解這個世界了。

至少以個人經驗而言，對自然鳥獸知識的瞭解和探究，是一種將普通人帶入科學領域的有效方法。

說到自然鳥獸的知識，當然免不了讓人想起「博物學」和「博物學家」。很多很多年前，在古代中國的士人中，也有一群「博物學家」；實際上，「博物學」這個詞本身就來自晉人張華所著的《博物志》一書。在他們的著作中，時常能見到思維奔放、不拘小節，乃至附會杜撰出來的內容。我曾經寫過一本《想像中的動物》，書中對此進行了戲仿。比如對老虎血液一種奇特功效的描繪：

> 《抱朴子》提到了虎血的奇妙用處。在每年三月三日這一天，取白色老虎的皮毛、草鞋的鞋帶、浮萍碾成粉末，用新鮮的虎血調和成丸。然後將這個丸子當成種子，種入地下，隔年就可以有收穫。虎血種子每年生長出來的東西都不一樣。讓它連長七年，陸續收集這七種不同的種子，磨成細粉後用蛋液調和，敷在鼻子上，乾後撕下，有去黑頭的效果。

對稱性、數字崇拜、儀式感、混亂列舉、語焉不詳的口氣，以及東方情調的臆想，調和成一種迷人的、抒情性的生活場景——雖然這樣的經驗與近現代意義上的博物學判若雲泥，但它們之間依然可以抽取出某些相似的東西：對於日常生活來說，它們往往是無直接用處的，足以被視為「屠龍技」；它們同樣輕快，節奏鮮明，適於充作談資；當它們作為一種知識存在的時候，又都具有陳列的意義，在一定程度上可以用作炫耀。

2011 年夏天，法國紀錄片《海洋》在國內公映。我感慨說看這個片子得配上「自然控」的「人肉評論音軌」，詳細解說片中各種瑰麗生物和百態行為。但很快引來網友的反駁：「沒必要，片子的目的是要人們珍惜保護好大海，書呆子氣的解讀只會削弱這個主旨的傳播。」

確實，自然本身的絢爛細節已足夠叫人驚喜，叫人擊節讚歎了。但若想要理解自然之美，進而保護好這些美，那麼光靠驚喜和愛是遠遠不夠的。這需要釐清每個物種在生命序列中的位置，它們的習性與要求；需要從技術細節入手，理解這個紛繁蕪雜的世界。

自然不是抒情性的。自然是生生不息的分裂，是細節與真相的堆積，是許多人無法直視的「血腥爪牙」。

自然的門虛掩著，你可以一邊等待，一邊欣賞巨大門環上的奇異紋理；你也可以推開門，走進去，看到更多有趣的東西。

徐來

果殼網主編

5

目錄

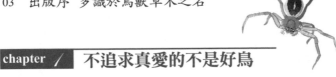

chapter　1　不追求真愛的不是好鳥

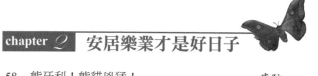

chapter 2　安居樂業才是好日子

chapter 3　做明星，亦我所欲也

chapter *4* 我是誰？

chapter *5* 同一個地球上的生命要相愛

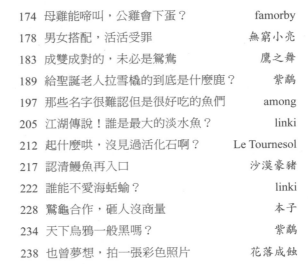

chapter

愛情 1

不追求真愛的不是好鳥

裸婚？鳥都不鳥你
Tatsuya

不管在哪個世界，只要有兩性，擇偶就是一件天大的事！不過，擇偶標準卻一直都很多元，即使是鳥也不例外。有的鳥是典型的「外貌協會」成員；有的比較實際：「婚房必有，豪宅更佳」；有的則以對方能否撫養後代為準繩……決定這些不同選擇的，正是對優良基因的選擇和親代投資的博弈。如果你是在愛情路上奔忙的青年，就更應該來參考一下這些鳥的婚姻了！

房在手，跟我走！

　　正如不願意裸婚的人一樣，有些雌鳥會把雄性是否可以提供好的婚房作為選擇配偶的依據。

　　位於澳大利亞和新幾內亞地區的園丁鳥（包括園丁鳥和亭鳥）是鴉科鳥類的近親，生活在雨林、桉樹林或灌叢中。大多數園丁鳥的雄鳥都會在森林地面上清理出一個空間，用樹枝編織一個特殊的「建築」，並用蝸牛殼、花瓣、葉子、甲蟲的鞘翅、鸚鵡鮮豔的羽毛甚至塑膠片來裝飾它們的「房子」。

　　部分種類，如冠園丁鳥（*Amblyornis macgregoriae*）、褐色園丁鳥（*Amblyornis inornatus*）的建築會像座小涼亭——圍繞著小樹用樹枝搭成一個兩台狀的建築。褐色園丁鳥的整個建築的直徑可達 5～6 公尺，包括一個圍繞小樹建造、頂部完全用茅草覆蓋的涼亭，涼亭中有數根柱子支撐。在入口的前面是一個用各種鮮豔物品鋪成的「花園」，雄鳥會在花瓣枯萎前更換花園中的「鮮花」，不斷翻動和擺弄自己的裝飾物；也會找機會闖入鄰居雄鳥的家中，偷走自己喜歡的裝飾物帶回自己的花園。

　　另一些種類，如緞藍園丁鳥（*Ptilonorhynchus violaceus*）則用枝條搭出兩側牆，形成一小段林蔭走廊狀的建築，再用喙碾碎色彩豔麗的漿果，用漿果的顏色塗抹走廊的牆壁；也會用一些花瓣、羽毛等裝飾物鋪在走廊的前後。

　　雌性的園丁鳥會很仔細地審視雄性園丁鳥精心搭建和維護的建築，長時間觀察、挑選。若雌性園丁鳥對這個建築滿意，就會伏

身並抖動自己的羽毛，讓雄鳥騎上來，僅用時幾秒就可完成交配。

　　雖然每隻雄園丁鳥都努力打造華麗的「婚房」，但只有不到 10% 的雄園丁鳥能夠與雌鳥交配，剩下 90% 的雄園丁鳥在整個交配季節連一次交配機會都得不到。

　　澳大利亞馬里蘭大學生物系博士 Gerald Borgia 曾在 22 個緞藍園丁鳥的「林蔭走廊」設立紅外線相機，並移走其中 11 個走廊中的裝飾物來研究這些建築和雄鳥獲得交配機會的關係。結果表明，藍色的羽毛、蝸牛殼和黃色的葉子的數量與交配的成功幾率呈正相關，同時，建築的整體結構和密度也很重要。Borgia 認為這種「建築」代替鮮豔的羽毛，向雌鳥傳達了建造者的基因品質，平庸的雄性承擔不起這種耗費大量精力的工作，優秀的雄鳥則能建造更高品質的建築。根據 Borgia 的記錄，曾有緞藍園丁鳥先後吸引到多達 33 隻雌鳥與其交配（這隻緞藍園丁鳥，打造的必定是超級豪宅吧）。

褐色園丁鳥（*Amblyornis inornatus*）的「小涼亭」。

緞藍園丁鳥〔雀形目（Passeriformes）園丁鳥科
（Ptilonorhynchidae）〕的「林蔭走廊」。

　　雌性園丁鳥在與選中的雄鳥交配後，並不會和雄鳥在這美麗
的建築中一起生活和撫育後代。它會回到自己築的巢中，產下兩
枚卵，自己孵化養育雛鳥。而雄鳥，要繼續用這個「婚房」吸引
更多的姑娘。

　　不同於園丁鳥，雄性織雀用草編成的球狀巢穴則真正地用於
繁殖後代。織雀，又名織布鳥，是麻雀的近親。雄鳥用草在枝條
上編織一個基礎框架後，便會讓雌鳥前來評判。雌鳥會選擇滿意
的巢與雄鳥交配，等雄鳥完成整個巢之後，雌鳥就會產卵。在這
期間，不少年輕的雄鳥要把未完成品一遍遍拆掉再重新編織以求
獲得雌鳥的青睞。

沒房不要緊，有點技能很重要

　　並不是所有的鳥兒都如園丁鳥和織布鳥一樣「手巧」，會建造「婚房」討雌鳥歡心。有些雄鳥會通過向雌鳥炫耀華麗的羽毛來展示自己的健康與優良血統。但是僅羽毛展示往往是不夠的，為了獲得雌鳥的青睞，雄鳥需要付出更多的努力。

　　生活在哥斯大黎加雨林中的長尾嬌鶲（*Chiroxiphia linearis*），又名長尾侏儒鳥，這種鳥類的小夥子們壓力就大多了。雖然它們有著寶石般豔麗的羽毛，但除了覓食和休息外，向雌鳥展示愛的情歌和舞蹈幾乎佔據了餘下的生活。

　　繁殖季一到，長尾嬌鶲小夥子們就會和主唱大叔組成樂隊，成員數量為 2～3 隻。樂隊中的主唱發出類似黃鸝的叫聲「嘟來嘟」，年輕的雄鳥則要努力和主唱音調匹配，以保證樂隊合唱達到完美的一致。這個旋律會在一小時內被重複近千次，直到吸引一隻雌鳥前來評判，隨後樂隊的舞蹈展示就開始了。

　　在雌鳥選擇那個它認為最滿意的樂隊組合後，樂隊中的主唱便示意自己的夥伴離開，並單獨向雌鳥跳舞求愛，然後交配。對於這個最佳樂隊的其他成員來說，它們會等待主唱死去或消失，這樣就可以代替主唱的位置。幸好，長尾嬌鶲的壽命可達 15 年，年輕人等得起，但能等到機會的雄性嬌鶲也不多。研究者對一個有 80 隻雄性長尾嬌鶲的地區進行研究發現，在 10 年裡，與該種群內 90% 的雌鳥交配的，只有 5 隻雄鳥。對於一個樂隊組合的主唱來說，一年中可能被多到 50 隻的雌鳥選中。而做學徒的小夥子，

黑額織雀 [*Ploceus velatus*, 雀形目（Passeriformes）
文鳥科（Ploceidae）織布鳥屬（*Ploceus*）] 和它辛勤
編織的「婚房」。

要跟著主唱練習 300 萬次「嘟來嘟」，進行 1,000 個小時的舞蹈訓
練，才有可能成為主唱。甚至有些雄性嬌鶲會累死在「跳舞」上，
只有那種熬得住辛苦的、壽命最長的雄鳥才有繁殖的機會。

　　另外一些鳥類，如部分猛禽和燕鷗的雌鳥會像幼鳥一樣向雄
鳥乞食。一方面，雄鳥的餵食可以補充雌鳥產卵和孵化所需要的
營養；更重要的是，雌鳥會以此測試雄鳥是否有能力做一個合格

15

黃胸織布鳥（*Ploceus philippinus*）的傑作。

的父親，可以為永遠不會飽的幼鳥帶回充足的食物。

　　在南北極之間遷徙的北極燕鷗（*Sterna paradisaea*）是最著名的候鳥之一，其遷移距離是已知動物中最長的。在繁殖前，每一隻雄燕鷗都會努力捕魚並將其叼在嘴裡，在繁殖地上空飛行，等候雌燕鷗的挑選。雌燕鷗會檢視這些禮物的大小是否合適，太小或太大的魚都表明雄燕鷗能力或經驗不足，只有能夠穩定提供大小適中食物的雄鳥，才會被選中和雌鳥共同繁育後代。

選擇你，有道理

不管是鳥類還是其他動物的雌性，都絕非兩性間的被動一方。是否接受「裸婚」，以及對雄性的百般挑剔，在這些表像的背後，更重要的是兩性間的生殖差異，以及雌性對雄性優良基因的選擇和親代投資（parental investment）的博弈。

以鳥類為例，鳥卵常常占到雌鳥體重的 15%，有些甚至達到雌鳥體重的 30%。雌鳥已經為後代提供了一個富含營養的卵，而雄性的精子除了提供基因外，沒有任何能增加受精卵存活機會的資源。這種差異可以表述為親代投資的差異。因此，雌鳥會非常珍惜自己可以選擇的機會。絕大多數的雌鳥，在這個選擇的過程中，既要努力找到基因優良的雄性，又要努力讓雄性與自己分擔親代投資的壓力。

之前提到的園丁鳥，生活的環境中有豐富的食物來源，由於當地大多數捕獵者都是夜行動物，也沒有太多的天敵。雌性園丁鳥有能力獨自將

長尾嬌鶲（*Chiroxiphia linearis*）的雄鳥。

卵孵化並撫育，因此雄鳥才能不提供基因外的任何親代投資。而在大多數不那麼完美的環境下，雄鳥，比如北極燕鷗，則要在撫育後代上付出自己的精力，參與孵卵、照顧、餵養和保護雛鳥，以便更有把握保住乃至增加所養育後代的數量。

可見，雌鳥們的選擇都是有道理的。

各位在愛情道路上奔忙的青年們，你們是否做好承擔責任的準備了呢？

江水不給力，
沒心思談情說愛　DRY

　　據 2011 年 6 月 16 日經濟觀察網報導，長江三峽連續數日增加洩洪量，模擬洪峰，以刺激長江「四大家魚」產卵。這個報導無意中向我們透露了「家魚」的愛情秘史。

　　長江「四大家魚」是人們餐桌上常見的四種淡水魚類：青魚、草魚、鰱魚和鯆魚，它們是我國的傳統水產，既有豐富的野生資源，也有悠久的人工養殖史。這幾種家魚的「戀愛觀」和長江裡的其他魚類有一些不同，它們對生娃的環境條件十分挑剔。

身體決定我挑剔

　　如報導所述，這幾種家魚產卵需要有特定的水文條件，如適宜的水溫、一定的水位漲幅和一定的流速。

　　一般來說，「四大家魚」只在水溫超過攝氏 18 度時才可能產卵，因此它們往往在 4～7 月間發情、產卵。此外，它們對江水的增量也相當挑剔，需要一定的漲水和流速的刺激才可以進行產卵。調查發現家魚在水位開始上漲半日到數日之後，流速上升到一定 水準後，才開始產卵。比如，草魚就需要超過 0.8 公尺／秒的流速和 400 立方公尺／秒的水通量的刺激才能夠產卵。

　　「四大家魚」這種挑剔的「戀愛觀」，事實上與它們的生理機制有密切聯繫。

　　目前，科研人員一般把魚類的性腺發育分為六期。而產卵行為發生在第 V 期的結束時。在第 V 期時，雌魚的卵巢發育完備，生殖細胞由初級卵母細胞發育為次級卵母細胞，並最終形成成熟的卵子。

　　然而，在靜水中的「四大家魚」性腺發育的第 IV 期，初級卵母細胞會停止發育，不能進入第 V 期。因此，無法形成成熟的卵子，也就無法產卵。這是因為「四大家魚」的性腺發育晚期要經歷一系列激素調劑，而這一過程需要外界刺激才可以進行。

　　在大江大河中，伴隨著汛期的來臨，水流量增加，流速也會變快。家魚發達的側線系統以及皮膚、口鼻等器官都能敏銳地感受到這一變化。這成為刺激腦下垂體和下丘腦等內分泌器官改

變激素水準的信號。這一信號會導致促性腺激素等一系列激素水準上升，導致初級卵母細胞持續發育，使得性腺成功發育為第 V 期，並最終產卵。

「四大家魚」性腺發育晚期示意圖

「四大家魚」性腺發育過程中，需要激素的刺激才能讓第 IV 期末停止發育的初級卵母細胞進行減數分裂，從而在第 V 期順利變成卵子。自然狀況下，側線感受到的流量、流速等水文刺激會引起這些激素的分泌，而人工靜水繁育池裡只有通過人為添加外源激素來達到這一目的。

人工模擬「產房」

　　這一機制的發現，對「四大家魚」的人工繁育有著重大的意義——人們可以通過外源性的促性腺激素，跳過水文刺激因素，直接在靜水中進行家魚的繁育。

　　在適宜流速條件下產卵，除了是家魚產卵的必要條件之外，對家魚魚卵的孵化也有益處。由於「四大家魚」每年只有一次產卵期，因而孵化成功率顯得十分重要。一般來講，表面水層具有更好的水氣交換，比底層更加適宜幼魚的孵化與發育。因此，許多魚類的魚卵都屬於漂流性卵，「四大家魚」也不例外。然而「四大家魚」的魚卵密度略高於水，屬於「半浮性」卵，需要一定的流速才能夠保持漂浮。

　　由此可見，在自然條件下，「四大家魚」的繁育十分依賴水文條件。但水利工程尤其是寬大河道上的水壩會劇烈地影響水流的動態。長江上的大型水壩帶來的水溫和水位波動的改變，使得家魚的生殖條件無法被滿足。這與過度捕撈、湖泊工程等不利因素共同導致長江野生「四大家魚」資源嚴重衰退。因此許多學者呼籲大型水壩工程應當科學地安排汛期調水工作，並且人工模擬自然洪峰，向家魚釋放產卵信號，以保護「四大家魚」資源。

　　事實上水壩工程對河流的生態環境有著複雜的影響，人工洪峰模擬自然汛期是一種比較常見的生態修復手段。世界上許多河流的水壩都進行過相似的工作。因此，三峽水壩模擬洪峰的工作，其實也是有一定經驗可以遵循的。

　　人工模擬洪峰，往往需要水壩持續地增加每日洩洪量，以模擬自然汛期水流量持續增加的趨勢，也能夠增加水道中的流速，從而滿足家魚產卵所需要的條件，達到促進產卵的目的。因此，報導中的三峽洩洪事件也採用了每日增加泄水量的方法。

　　不過漁業資源的養護與修復是一項複雜的工程。目前來說，人們對於衰退的漁業資源仍然束手無策。過度捕撈、人類活動都會影響魚類種群的豐富度。對長江的「四大家魚」來說，除了水利工程之外，仍然面臨著過高的捕撈強度、日益繁忙的航線、無節制的排汙等各種不利因素。因此僅僅模擬洪峰未必能夠扭轉資源衰退的局面。即使是本次模擬洪峰，是否能起到預期的效果仍然未知。正如報導指出，這僅僅是「剛開始做的實驗」。

　　要建立「四大家魚」的伊甸園，讓它們在長江水中自由地「相戀」，人類需要付出更多的努力。我們本就應當付出更多的努力。畢竟，我們在這裡同飲一江水。

莫把我們的「愛情」當做地震先兆　瘦駝

　　每年的五六月，總會傳來各種大群蛤蟆上街的消息，成年的蛤蟆集體追逐「愛情」的喧鬧剛收場不久，新生的小蛤蟆又成群結隊地奔赴新的世界。聚居在水泥森林中的人們看到這樣的場景，難免會恐慌。汶川大地震之後，有網友聲稱蛤蟆集體散步的奇觀是「地震先兆」。不少網友嘲笑說「地震預報要聽蛤蟆的」。這陣「蛤蟆風暴」很快席捲神州大地，當年地震之後，貴州桐梓、福建連江、四川巴中、浙江平陽、廣東深圳、山東平度等地陸續報導有蛤蟆集體散步，一時間地震疑雲密佈。你相信蛤蟆和地震先兆有關係嗎？

集體散步源於「愛情」

　　蛤蟆並不是嚴格的分類學意義上的名稱。它們都屬於兩棲綱中的無尾目，也就是俗稱的各種蛙和蟾蜍。這是脊椎動物中最大的家族之一，目前發現和命名的種類有五千多種。

　　暮春時節，在泥土裡熬過一冬的蛤蟆們在陽光和雨水的召喚下活躍起來，開始向有水的地方進發。動物學家們發現，這些家夥會像鮭魚一樣，返回出生地進行繁殖。赴這場「無遮大會」的傢伙步調如此一致，常讓某地一夜之間出現大批蛤蟆。以全國各地都可以見到的中華大蟾蜍為例，其繁殖季節在 4～5 月，有些可到 6 月。在某些地方其種群密度可達 3,600 隻／平方公里，集中到某一個水塘時，聲勢相當壯觀。別以為這種景象只在鄉間有，即便是城市裡，蛤蟆大會也在各種水窪裡出現。2007 年的一個調查顯示，上海市區 17 個城市公園中，每公頃金線側褶蛙的平均數量高達 127 隻，與之接近的黑斑側褶蛙也達到了 97 隻。蛤蟆一個個流著哈喇子，急匆匆地衝回老家幹「好事」，卻被誤作地震的先兆。蛤蟆們可顧不上澄清誤會，它們得抓緊時間，在水窪乾掉之前完成相親、相愛、產卵、孵化直至小蝌蚪蛻變成小蛤蟆的過程。

　　正是由於繁殖的這種不確定性，蛤蟆們大多採取廣種薄收的繁殖策略，雌蛤蟆的產卵量都很驚人，往往以千計。這樣一來，鬧翻天的蛙鳴過後，就會是滿坑滿谷烏漾烏漾的蝌蚪，以及過不了多久滿地亂蹦的小蛤蟆。顯然，由於成長道路上充滿艱險，剛

剛褪去尾巴的小蛤蟆要比成蛙數量多得多，因此，當小蛤蟆離開「幼稚園」奔赴各地的時候，也會形成壯觀的「蛤蟆風暴」。

有時，這些傢伙會不顧死活地湧上公路。車禍成了很多種類蛤蟆瀕臨滅絕的原因。為此，很多國家在公路上設置蛤蟆用的安全通道。

隨著社會的發展，蛙聲逐漸淡出了很多人的記憶。在城市裡，找一塊泥地、一片乾淨的水塘已近乎奢望。難怪城市人看到蛤蟆聚會後感到如此陌生和恐懼。

蛤蟆陷入艱難時光

2004 年 10 月出版的《科學》雜誌刊登了世界自然資源保護聯盟發佈的報告，指出目前世界上有 1,856 種蛤蟆的生存受到威脅，2,489 種蛤蟆的數量在下降。報告估計，未來 100 年內近半數種類的蛤蟆將完全消失。

蛤蟆們的最大災難是棲息地的消失。熱帶雨林是許多蛤蟆的家園，但雨林正在以驚人的速度消失著。由於這一原因，1989 年以後，著名的金蟾蜍就再也沒被發現過。

污染也是大問題。在紫外線輻射增加以及水污染面前，蛤蟆沒有還手之力。美國地質調查局 2000 年發佈報告指出，美國 44 個州出現了蛤蟆畸形的現象，有的地區 60% 的蛤蟆都成了怪物。到目前為止，人們也沒有完全搞清楚問題之所在。

　　最後，交通運輸業讓疾病得以散播。在巴拿馬，澤氏斑蟾一直被視作吉祥物。前段時間，生物學家發現它們彼此相遇時，會互相揮「手」。可惜，我們再沒機會瞭解它們揮手的含義了，一種對蛤蟆致命的真菌沿著新修建的公路迅速擴散。澤氏斑蟾已經野外滅絕。

　　與地震先兆相比，我們更應關注澤氏斑蟾的揮手：揮別家園，還是在向人類提出警告？

忠貞有假？
吼海雕

　　在民間傳言中，有很多鳥類是一夫一妻制的忠貞典範。天鵝十分重視夫妻感情，小天鵝甚至會為死去的配偶守節3年；大雁從不獨活，一群大雁裡很少會出現單數，一隻死去，另一隻也會自殺或者鬱鬱而亡；「得成比目何辭死，只羨鴛鴦不羨仙」，鴛鴦則更是至死不渝的愛情象徵，一旦配對，終生相伴，雙宿雙飛；相思鳥鳥如其名，雄鳥、雌鳥成對生活，恩愛非凡，是有名的「愛情鳥」。人們給這些鳥類貼上各種「忠貞」的標籤，那鳥兒們愛情、婚姻的真相到底如何？

大雁：婚姻期內，好聚好散

　　人們通常所說的大雁，其實是雁形目鴨科中雁亞科雁族 16 種鳥的泛稱，大雁的確不像某些鳥類那樣，雄鳥交配完畢拍拍屁股就走人。不過，同鴨科中的絕大部分種類一樣，大雁雖然是一夫一妻制，但關係往往只能維持一個繁殖季。如斑頭雁（*Anser indicus*）、鴻雁（*Anser cygnoides*），頭一年在越冬地就大多相配成對，開春雙雙飛回繁殖地共築愛巢，一個繁殖李只產一窩卵，然後夫妻雙方通力合作照顧雛鳥，待到夏末完成繁殖任務後便好聚好散，天涯陌路，第二年再尋新歡，並沒有「從一而終」之說。

　　在非繁殖季，大雁不管夜棲、覓食還是遷徙都喜歡集群活動。但這並不是因為耐不住寂寞，而是集群而居能降低個體面臨風險的幾率。一群雁中大家輪流站崗放哨，其他成員就能夠放心活動，節省體能。

天鵝：守節是假，終生相伴卻有可能

　　天鵝指的是雁形目鴨科天鵝族，在中國有大天鵝（*Cygnus cygnus*）、小天鵝（*Cygnus columbianus*）、疣鼻天鵝（*Cygnus olor*）三個種。天鵝的夫妻關係能維持較長時間，一般認為如果不出意外確實可能終其一生，大天鵝的往年後代還會幫助父母照顧雛鳥。

　　這是因為雙方的默契程度越高，經驗越豐富，繁殖成功的幾率才越大，要是輕易更換伴侶，可能會因雙方缺乏「合作」經驗而增加繁殖「成本」，使成功率大打折扣。許多繁殖率低或是生存環境嚴苛的鳥的婚配制度都表現出這種特點，曾有科學家對紐西蘭王信天翁（*Diomedaee epomophora*）進行了連續 16 年的觀察，最終認為這種鳥可能終生維持原配。

　　不過，天鵝並不是絕對的終身原配，曾有研究發現疣鼻天鵝每年繁殖對的離婚率不足 5%。要是一方死去，另一方除非是已經失去繁育能力，否則肯定要在下一個繁殖季另起爐灶，畢竟繁衍後代傳播基因才是它們活著的終極目的，天鵝為死去的配偶守節一事也就不足為信。

鴛鴦：風流薄情，交完就掰

　　鴛鴦被視為模範夫妻之首並非空穴來風。鴛鴦（*Aix galericulata*）是雁形目鴨科鴛鴦屬水鳥，雄鳥羽色豔麗，光彩照人，雌鳥一身樸素褐色，腹部純白。每年 4 月是鴛鴦的繁殖季，此時越冬期間成群活動的鴛鴦逐漸分散開來，成對活動，雄鳥和雌鳥在此期間形影不離，互相追逐嬉戲，這一場景想必給無數古代文人墨客留下了深刻的印象。

　　但美好的真相也就到此為止，5 月初和 5 月末是鴛鴦的交尾期，在交尾期內雄鳥頻頻向雌鳥獻殷勤，炫耀自己的豔麗，雌鳥

緊隨雄鳥身側，圍繞雄鳥不停打轉，心領神會的雄鳥跟著做出同樣的表演，然後伏在雌鳥背上完成交尾。交尾期結束後雄鳥就揚長而去，接下來的營巢、孵卵、養育子女全部由雌鳥獨自承擔，直到 9 月份繁殖期結束。

　　即便在同一個繁殖期內，雌雄鴛鴦看似恩愛甜蜜地出雙入對，其實是一夫一妻制鳥中相當普遍的看護伴侶行為，即因為對方有出軌傾向而不得不嚴加監視。據報導，為了證實鴛鴦是否會真像古代文獻所述「人得其一，則一思而至於死」，早年間吉林省長白山地區的研究人員還曾經做過這樣一個實驗，在有成對鴛鴦出現的地區用槍打落一隻鴛鴦，結果另一隻很快重新續弦，並沒有生死成雙。

相思鳥：忠誠？夠嗆

　　以往人們認為，現存鳥類中約有 92% 的種類實行的是一夫一妻制，即在一個繁殖期內，一雄一雌確定配偶關係就齊活兒了。現在人們發現，一夫一妻制鳥類中實際上竟普遍存在著婚外交配的現象，特別是在一些小型雀形目鳥類中。比如一項對蘆鵐（*Emberiza schoeniclus*）的研究發現， 93% 的雌鳥至少有一個私生子，一個繁殖季中有多達 55% 的雛鳥來歷不明。白領姬鶲（*Ficedula albicollis*）、白冠帶鵐（*Zonotrichia leucophrys*），甚至象徵和睦美滿的家燕（*Hirundo rustica*）都存在對家庭「不忠」的行為。

　　有著言情小說般名字的相思鳥，是雀形目畫眉科相思鳥屬，有銀耳相思鳥和紅嘴相思鳥兩種，一般人們所指紅嘴相思鳥，平時結小群生活，繁殖季則成對活動，雌雄常形影不離，並共同育雛。雖然目前並沒有針對性的研究，但從整體形勢來看，相思鳥的婚外行為，十有八九也好不到哪兒去。

　　另一種分佈在澳大利亞東南部的細尾鷦鶯（*Malurus*）則更誇張，雌鳥會一邊以剛剛好的交配次數保證它的配偶協助哺育家庭，一邊和其他它看上眼的雄鳥偷情；而另一方面，它的配偶可能在附近有多達六窩雛鳥，但它自己正在哺育的那一窩裡可能沒一個是它的孩子！

　　這種行為其實也不足為奇，在生態學上這叫做臨界型一雄一雌制——夫妻雙方只是迫於環境壓力，必須由雙方共同孵卵育雛才能繁殖成功，從而表現出一夫一妻制。只要有機會在不危及後代的情況下傳播自己的基因，它們就一定會那麼做。而一旦一方「出軌」，它的配偶就會受到性選擇壓力，於是要麼出去散播自己的基因，要麼發展出看護行為以減少自己戴綠帽子的機會。在這一點上，相思鳥和鴛鴦的選擇倒挺一致的。而對於這些鳥類而言，所謂的愛情，更像是它們生存繁衍大計面前一碟小小的配菜吧。

是男是女靠競爭

桃之

　　你有沒有想過，有一天起床之後要靠打架才能決定你一天的性別？

　　萬一打輸了，就要做妹子，從懷胎九月到撫養下一代全權負責，這叫人家的男性尊嚴情何以堪嘛——這不是在寫奇幻故事，這是動物世界裡的真實故事。

贏的才是男人：爭奪「雄性權利」

　　扁形動物門渦蟲綱的各種渦蟲外表很抽象：扁平、柔軟、葉片狀。例如多腸目的 *Pseudobiceros hancockanus*，身體左上部隨便長的一個鮮黃色突起，就應付了事地算是它的腦袋了。它們常常住在潔淨、富氮的水中，晝伏夜出。如果想移動，就貼著地面扭啊扭，飄啊飄，捕食些蠕蟲、昆蟲和甲殼類。不過千萬不要以為渦蟲的生活真的很優哉遊哉，拿 *P. hancockanus* 先生來說吧，它的人生重頭戲——娶妻生子，可是一場名副其實的「大惡鬥」。

　　P. hancockanus 的交配過程是純暴力的：兩隻性成熟的渦蟲提「槍」上陣——此「槍」白色，有兩個尖尖的匕首狀突起，短兵相接，奮力搏鬥，都試圖將自己至少一柄「槍」（是的，有些渦蟲甚至有兩枚雄性生殖器）刺入對方的表皮。一旦得逞，就迅速注入精子，登上「父親」的寶座，而失敗者只能心不甘情不願地充當「賢妻良母」了。

　　如果說渦蟲是明爭，那歐洲蝸牛科的大蝸牛（*Helix pomatia*，即羅馬蝸牛，又名羅曼蝸牛，當食材時稱為：法國蝸牛）就是暗鬥了：它們交配時雙方都會受精，但進入體內的精子前途未卜，一些可以被儲藏很長時間，另一些則被消化。於是交配時，蝸牛們都會向對方射出一個鈣質的、能讓對方收縮一下的小刺（love dart），被刺中的一方往往能接受更多精子進入「精子儲藏室」，也就有更高的機會讓精子遇見卵細胞。有趣的是，雖然看上去「被刺一下也無所謂」，但是雙方都會儘量躲避被刺中。

　　這聽起來有點兒詭異：難道母親是誰想當（或不想當）就能當（或不當）的嗎？事實上，對上面這兩位來說，是這樣的。因為它們雌雄同體。這可是個相當聰明的法子：如果你的活動能力有限，族人又罕見，那麼雌雄同體意味著你並不需要尋找一名「異性」伴侶——你只要有個伴兒就行。這直截了當地防止了你找到自己另外那半個天使後，發現你倆的翅膀居然是同一邊兒的……

分工明確：和平繁殖後代

　　既然大家都是雌雄同體，那誰做雄性誰做雌性就成了個現實問題。事實上，除了渦蟲和蝸牛會爭奪「雄性權利」外，大多數雌雄同體的動物們都是和平友好地處理這個問題的。譬如蚯蚓，如果雙方的兩性發育都成熟，它們是雙方同時扮演雌雄兩個角色的。再如海兔，它們不僅既雌又雄，還大搞多人遊戲：三五個到十幾個連成一串交尾，最前面一隻充當雌體，最後面一隻充當雄體，中間的則對前面的一隻充當雄體、對後面的一隻充當雌體。

變男變女：地位決定性別

　　有魄力才能享有「雄性權利」的不只是渦蟲，蝦虎科的藍燈蝦虎（*Elacatinus oceanops*）也是如此。這是一種常被飼養的海洋觀賞魚，又叫「清潔魚」，會幫助大魚清理傷口和口腔。它們一出生是分雌雄的，甚至會組建一夫多妻的穩定家庭，雌魚們按照嚴格的等級順序（即正室、二房、三房，依此類推）排列，跟在雄魚後四處溜達。一旦雄魚死去，地位最高的「正室」就會成為魚群首領，再幾天，她就會長出雄性生殖器而變成「他」，將剩下的妻妾據為己有！

　　神奇的大自然有無窮的寶藏，男和女是個永恆的話題，不知道明天又會上演什麼樣的喜劇。

愛我就請吃掉我
famorby

　　新婚之夜，新娘對著新郎的軀體大快朵頤？如果熟悉《黑貓警長》中的螳螂疑案，你也許對此早已不足為奇。那後面這些能否滿足你的重口味呢：約會中小夥吃掉年老色衰的姑娘，新生嬰兒的第一頓美餐是母親的血肉，兄弟姐妹必須自相殘殺決出勝者才能生存……是的，對於蜘蛛的家庭來說，吃和被吃，一切皆有可能。

據 BBC 2011 年 4 月 15 日報導，烏拉圭生物學家艾森伯格（Anita Aisenberg）發現，在一種名為 *Allocosa brasiliensis* 的狼蛛種群中，年輕的雄性會吃掉已經過了繁殖期的雌性，這是首次在蜘蛛中發現的雄性吃雌性的例子。

在 BBC 的報導中，這種夜行性狼蛛中的雄性會等待尋找伴侶的雌性狼蛛到來，若遇到的是一名狼蛛「處女」時，他會傾向於選擇與其組成伴侶，因為這些雌性狼蛛年輕力壯，生育能力十分強；而若遇到年齡較大的雌性狼蛛，雄性往往選擇將其吃掉。

留下花姑娘，吃掉老太太——這種「重色相輕長輩」的「不道德」事件縱觀整個動物界都實屬罕見。但其實它在蜘蛛王國中不算什麼，因為蜘蛛們還有其他各種「不道德」……

注：以下故事有限制級內容，請謹慎閱讀。

血腥的約會

在狼蛛家族 [狼蛛科（Lycosidae）] 中，雌性在交配完成後立即吃掉雄性是很常見的行為。短命的新郎們在求偶時，先織一個小網並把精液灑在上面，然後用構造特殊的腳鬚——鬚肢高舉著這張小網，小心翼翼地靠近雌蛛，若雌蛛伏著不動，雄蛛便靠近雌蛛進行交配，用鬚肢把精液送進雌蛛的受精囊中，同時也把自己送入雌蛛口中。

這些雄性狼蛛心甘情願被雌蛛吃掉的原因有二：一是雌性狼蛛會無微不至地照顧卵和幼蛛，為了後代往往會忍饑挨餓，因此在生育前積蓄更多能量將有利於撫育後代；二是雄性狼蛛在交配過程中用鬚肢將精液送入雌蛛的受精囊，當身體的其他部分被雌蛛吞食之後，鬚肢等一部分肢體殘片就會留在雌蛛體內，這樣可以防止雌蛛再與其他的雄蛛交配。

無私的母愛

生長於澳大利亞的食母蛛 [*Diaea ergandros*，蟹蛛科（Thomisidae）狩蛛屬（*Diaea*）] 出生後的第一頓美餐，就是其母親的身體。

蟹蛛的壽命一般較短，生育後，雌蛛會一動不動地伏在卵袋上守護，往往在幼蛛孵出前便會死去。但澳大利亞動物學家 Theodore Evans 發現，一種蟹蛛的雌蛛會產下約 45 枚卵，它們在產卵前後就會開始捕獵許多昆蟲，在幼蛛孵化出殼之前，雌蛛大量進食增加自己的體重，

狼蛛科（Lycosidae）蜘蛛。

將自身作為留給後代的營養庫。破殼而出的小蜘蛛會從母親的腿關節處開始吸食營養豐富的體液，直到將母親吸幹，而雌蛛也會毫不反抗地任由孩子們大口吞食自己。

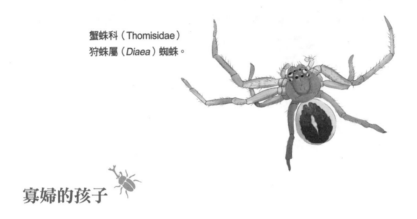

蟹蛛科（Thomisidae）
狩蛛屬（*Diaea*）蜘蛛。

寡婦的孩子

寇蛛［球腹蛛科（Theridiidae）寇蛛屬（*Latrodectus*）］可能聽起來有些陌生，但提到它們的俗稱，那絕對稱得上如雷貫耳——黑寡婦。

黑寡婦不是某一種蜘蛛，而是寇蛛屬多種蜘蛛的統稱，這個可怕的名字源於其雌蛛往往在交配後會吃掉雄蛛。它們和狼蛛一樣，新娘都將新郎作為盤中餐，但它們的童年生活，則遠比狼蛛寶寶們殘酷得多。

狼蛛母親會將幼蛛放在自己背上，捕獵餵食幼蛛，幼蛛一般會在母親的庇護下健康生長，直到第二次蛻皮後才開始獨立生活。而寇蛛屬的許多種類，幼蛛從一出生就經歷了一場「大逃

殺」，弱肉強食的法則在其兄弟姐妹之間推行。

　　雌性寇蛛會在交配後將精液儲存在體內，之後可產卵 4～9 次，每次用一個卵袋將卵包裹著懸掛在蛛網上，每個卵袋內有 250～750 枚不等的蛛卵。經過 14～30 天的孵化後，這些寡婦的孩子們便開始了生命中的第一場歷練。手足相殘的結果是，每個卵袋內最終只會有幾隻或十幾隻幼蛛存活下來，甚至有時只有一隻成為窩裡鬥的最終勝者。存活的幼蛛會從懸掛的卵袋中爬出，牽絲順風飄蕩，蛛絲的落地點就是它們的落腳點，它們在那裡結網，開始新的生活。

「鹿羊戀」是浪漫典範？
瘦駝

　　2011 年動物界最熱門的八卦，莫過於雲南野生動物園的綿羊長毛和梅花鹿純子的不倫戀了。一頭從小生活在鹿群裡的公綿羊，居然贏得了雌鹿的芳心，平日裡卿卿我我也就罷了，居然真刀真槍地操練起來了。2012 年情人節，動物園還給它們倆舉辦了「婚禮」。

　　這種勁爆的消息最能成為熱門八卦了。其實，以我兒童時期農村生活的經驗來說，這類超越物種的「戀情」並不罕見。誰家的公鴨騎了誰家的母雞，還把人家母雞給啄死了（鴨子的交配遠比雞的激烈，公鴨會死死啄住母鴨的頸部，而雞的脖子沒有鴨子那麼強悍）；或者誰家發情的母馬沒拴好，讓別村的驢給占了便宜。這些事兒都會在茶餘飯後不斷被人提起。

風流的動物們

如果從動物行為學的角度入手，不難發現這些風流的始作俑者往往都是雄性動物，特別是那些一夫多妻或者多夫多妻制的雄性動物。對它們來說，多一次少一次沒什麼區別，反正有的是儲備，而且中獎了也不用自己負責，有棗沒棗打一竿子再說。所以這些雄性動物不太會挑剔，很多東西都會挑起它們的性趣。比如，一隻公綠頭鴨對一具同類同性的屍體玩個不停，一些雄甲蟲只因為啤酒瓶跟雌甲蟲的顏色質感比較相近就糾纏不休。

另一些動物則把性事發展出了傳宗接代之外的功效，比如玩樂。此中高手是各種鯨類，這些普遍被認為智力發達的動物與人類一樣風流。比如有記錄說瓶鼻海豚把「小弟弟」插進海龜龜殼縫隙的軟肉裡，或者用「小弟弟」末端的鉤狀物挑起一條滑溜溜的鰻魚。跟已經無處可尋的白鱀豚長得很像的亞馬遜河豚（*Inia geoffrensis*）更會玩，早在 1985 年，就有科學家發現雄亞馬孫河豚有種特別的愛好，那就是把自己的「小弟弟」插進同伴頭頂的噴水孔（*也就是鼻孔*）裡。有時候人類也會成為這些永遠面帶微笑的傢伙的調戲對象，一項關於南半球與野生鯨類伴遊觀光活動的調查記錄了至少 13 起海豚試圖將與之伴遊的人類當成泄欲工具的報導。其實你大可不必去海裡找這種體驗，那些家裡養著公狗的朋友想必都經歷過自家的寵物抱著客人的腿做猥瑣之事的尷尬。

與這些花花大少比起來，有些風流的傢伙實在是很嚴肅的，其中比較突出的是鳥類。稍微熟悉動物學的朋友可能都聽說過動物行

為學的開山祖師之一康拉德‧洛倫茲（Konrad Z. Lorenz）曾經做過的一個實驗，他親自孵化了一批灰雁的蛋，從小雁破殼的那一刻開始與之形影不離。結果這些小雁後來就緊緊跟隨洛倫茲的靴子，就像跟著自己的父母一樣。這種現象叫做印記（imprinting），在所有動物裡，鳥類的印記行為最為明顯，也被研究的最為透徹。有趣的是，印記不但會讓鳥認賊作父，還直接影響了它們的擇偶標準。比如小雪雁（*Chen caerulescens*）有兩種色型——白色和藍色——過去人們曾經認為這兩種顏色的並不是同一種鳥。今天我們知道這只是某幾個基因差異造成的。1972 年，鳥類學家庫克（F. Cooke）發現，在野外，小雪雁總是傾向於尋找與自己相同色型的伴侶，而如果讓它們從小被相反色型的養父母收養，那它長大後就會傾向於尋找與自己相反色型的伴侶。再如果讓它們從小被一白一藍的混合家庭收養，它的口味就不再偏向任何一個色型。類似的結論在鴿子、雞和斑胸草雀（*Taeniopygia guttata*, 也就是珍珠鳥）身上都得到了驗證。甚至科學家們還成功讓斑胸草雀「愛」上了人類的手指，對其大獻殷勤。

我們看到的大部分此類事件都能用以下幾點來解釋——它們大多生活在圈養條件下，從小跟其他動物生活在一起，於是「人生觀」出現了很大問題。它們長大後，被限制了自由的春情又無處釋放，於是就悲劇了。

不倫戀為何說是悲情？

　　按理說，不倫戀應該是，也的確是悲劇的，然而上面這些事兒怎麼看怎麼充滿喜感。

　　但接下來說的這個就絕對悲情。1993 年，科學家在瓜地馬拉附近的大西洋三千多公尺深的深海中看到了兩條正在纏綿的章魚，奇怪的是這兩條根本不是同一個種類，更詭異的是，它們又都是雄性。然而，性對於章魚的意義除了繁衍還意味著死亡。因為它們一生只會交配一次，然後雌雄雙方都會在小章魚孵化前後死去。既然一生只為這一回，這類動物理應嚴肅起來才是，可為何這兩條還要亂來一氣呢？研究人員對此的解釋是，在深海，這些獨行的傢伙可能很難遇到配偶甚至同類，當性成熟來臨，生命即將結束的時候，它們會抓住一切機會拼死一搏。真是太悲慘了。

　　很久以來，主流科學家們一直認為，跨物種雜交這種事，在動物界（之所以強調動物界，是因為在植物界種間雜交非常普遍）中即便偶有發生，也絕對是非主流的，因為這樣做的結果往往是沒有結果，或者只是個壞結果。所謂沒結果就是兩種動物親緣關係相隔太遠，根本無法產生後代，比如長毛和純子雖然都是偶蹄目的動物，可一個是牛科，一個是鹿科，它們的祖先分家至少已經二千多萬年了，實在是八竿子打不著。而所謂的壞結果是兩種動物的祖先分家時間不算久，二者結合能產生後代，但是基本上是不可能有雜二代，因為這些雜一代由於染色體錯配等原因，有生育能力的可能性極小，比如馬和驢的後代騾子。不過，之所以

強調是「基本上」，是因為現實中還真的有例外。

　　1985 年 5 月 15 日，夏威夷的海洋世界公園裡，雌性瓶鼻海豚帕娜荷麗（Punahele）生下了一個雌性幼崽，這個小「姑娘」的父親，卻是與帕娜荷麗共用一個水池的一頭名叫塔奴伊哈海（Tanui Hahai）的雄性偽虎鯨（*Pseudorca crassidens*）——如果你愛看好萊塢電影，那你很可能見過帕娜荷麗和塔奴伊哈海，它倆在《初戀 50 次》裡作為演員出鏡過。偽虎鯨雖然比瓶鼻海豚要大三四倍，而且叫「鯨」，但它其實跟寬吻海豚一樣是鯨目海豚科的，所以親緣關係並不遠。這隻鯨豚獸被命名作珂凱瑪露（Kekaimalu）。珂凱瑪露很小的時候生過一個幼崽，但是早夭了。1991 年又生下過一個雌性幼崽，又在 9 歲的時候死去。2004 年 12 月 23 日，它生下第三個孩子，喀哇麗‧凱（Kawili Kai），它的父親是一頭寬吻海豚。如果你去夏威夷旅行，可以去拜訪一下珂凱瑪露和喀哇麗凱，它倆是已知僅存的兩頭鯨豚獸。2011 年 7 月，瀋陽的一家海洋館裡也曾產下過一頭鯨豚獸，出生後不久便夭折了。

新「物種」是如何誕生的？

　　這些異種雜交並產下可育後代的例子著實挑戰了經典的物種定義。物種是生物分類裡面最基本的單位，我們說這是一隻雞，而不是一隻鴨子，實際上就是在對那隻鳥通過形態進行定種。看

上去好像並不難，但實際上在生物界，怎樣定義一個物種，一直是一件很讓人傷腦筋的事，因為有數不清種類的生物，而我們熟悉的只是其中極少的一部分。在眾多關於物種的定義方法中，在動物界，最常用也是最有效的定義方式是生殖隔離。

生殖隔離是 20 世紀最偉大的進化生物學家之一恩斯特·邁爾（Ernst Mayr）於 20 世紀 40 年代提出，到 20 世紀 60 年代完善的一個概念。簡而言之，那些在自然條件下無法交配，或者交配後無法產下後代，或者後代不育的兩群動物，就可以視作兩個物種。當然，這個概念存在很多疏漏，比如大量並非兩性生殖的動物被無視了，而且我們也不太可能將任意兩個動物雜交一下用來驗證其是否有生殖隔離。儘管如此，生殖隔離仍然很有意義，因為它昭示了物種的內涵，那就是相對獨立的一套基因組。

傳統的進化生物學家認為，野生條件下的種間雜交十分罕見，除了後代很難可育之外，還有一個重要的因素就是「雜種」們將面臨父母兩個物種的競爭。即便僥倖殺出一條生路，活到了性成熟的年紀，可滿眼的異性大部分還是爺爺家或者姥姥家人，會重新掉進祖先物種基因組的汪洋大海中。所以，由一個物種由於後代產生變異，逐漸分化成兩群；或者由於地理阻隔分成獨立演化的群體才是新物種出現的方式。

種間雜交，1 + 1 = 3？

　　隨著新的野外和實驗室研究，一些不尋常的例子逐漸被人們發現。2006 年，美國史密森熱帶研究所（Smithsonian Tropical Research Institute）的耶穌‧馬瓦雷茲（Jesus Mavarez）領導的研究小組在英國《自然》雜誌發表了他們的研究成果。這個小組在位於哥倫比亞和委內瑞拉交界處的山區中發現了一種雜種蝴蝶 *Heliconius heurippa,* 這種蝴蝶翅膀上的紅色和黃色分別遺傳自另外兩種蝴蝶。新雜種蝴蝶在選擇配偶時十分挑剔，只跟同時擁有紅黃色斑翅膀的「同類」交配，對或紅或黃的親戚蝴蝶不感興趣。同時，新蝴蝶的棲息地海拔比父母種蝴蝶都高，幼蟲鍾愛的食物也與父母不同。這就既保證了新的雜交基因組的「純淨」，又避免了同室操戈的情況發生。

　　於是，這又成了新物種誕生的另一種方式，也就是 1 + 1 = 3。馬瓦雷茲與其他科學家的發現鼓舞了很多不走尋常路的進化生物學家，比如英國倫敦大學學院的生物學家詹姆斯‧馬萊特（James Mallet），他估計至少有 10% 的動物物種是由種間雜交產生的。

　　雖然對 10% 這個數量科學界還有諸多爭論，但是種間雜交產生新物種這一理論正在得到越來越多的支持。畢竟大部分時候，演化是一個連續的過程，而造成種群隔離的地理隔離並非總是不可逾越的。

　　比如現代分子生物學研究證實北極熊是由棕熊演化而來的，兩者大約在 15 萬年前分道揚鑣。而牙齒化石證據則顯示北極熊

在 10 萬～2 萬年前才從棕熊的雜食變成幾乎單一的肉食。不管是
15 萬年還是 2 萬年，其實都只是生物演化史上的一瞬。只是由於
第四紀冰期（也就是《冰河時代》中描述的那個年代）的來臨，
兩群動物才被阻隔開，獨自演化至今並在外形到行為上產生了巨
大的不同。然而由於全球氣候變暖等因素，原本生活在北極圈以
南的棕熊分佈範圍越來越北，並逐漸跟自己「失散多年」的親
人——北極熊——親密接觸。結果就是近幾年「棕白熊」不斷被
發現——地理隔離被打破了，是否會出現新種的熊，或者失散多
年的棕熊和北極熊能否破鏡重圓，這都值得期待。

　　實際上，更有科學家大膽推測，我們每個人都是種間雜交
的產物——我們的祖先跟現代黑猩猩的祖先曾經有過一腿。來自
哈佛大學和麻省理工學院的科學家在對照人類與黑猩猩的基因組
時發現，雖然大約 600 萬年前我們和現代黑猩猩的祖先已經分家
了，但是人類和現代黑猩猩的 X 染色體上的很多基因只有大約
400 萬年的差距。如何解釋這近 200 萬年的差距，研究人員推測
在兩個物種已經分離 200 萬年之後，我們的祖先和黑猩猩的祖先
又短暫地重歸於好過。你可別怪我們的祖先口味奇怪，因為 400
萬年前的人類和 400 萬年前的黑猩猩看上去並不像現代人和現代
黑猩猩那樣差異巨大。

　　即便種間雜交在自然界並非那麼禁忌，不過，回頭來看雲
南野生動物園長毛和純子倆的結合，它們終究不會有「幸福的果
實」。至於在情人節為它們舉行婚禮，把它倆撮在一起當成浪漫
的典範，唉，真是有點不足為外人道也。

聽寂寞在唱歌

紫鵑

　　「世界上最孤獨的鯨魚」是個流傳很廣的故事：有一頭「曲高和寡」的鯨，獨自在北太平洋徘徊了二十餘個寒暑，卻沒有一個來自同伴的回應。

　　這個故事早在 2004 年就被寫成了研究論文，卻被反復翻出熱傳。無論多少時日過去，鯨歌之於人類，總有一種神秘的魅力。

寂寞的52赫茲

　　故事中鯨歌的基本頻率是 50～52 赫茲，類似男低音的最低聲部，或略高於大號的最低音。當然，除此以外，還有一些不同頻率的泛音。

　　以 52 赫茲為主的聲音一直在重複：3～10 秒的聲音重複幾次為一組，每一組又多次重複，構成歌聲的系列。歌聲從不會重疊，而且只有唯一來源。有時一天之中歌聲的時間累積起來會超過 22 個小時。

　　它的歌聲自 1989 年被發現起，每年都會被美國海軍的聲納系統探測到。在追蹤它 12 年之後，人們可以確切地知道聲音的主人平均每天旅行 47 公里，卻無法知道它旅行的目的：在北太平洋裡，它的行蹤或東西，或南北，或毫無頭緒，但它從不留戀某處，從不長期駐足。

　　沒有人看見過歌聲的主人，人們只能把它叫做「52 赫茲」。科學家們認為它是一頭鯨，因為這樣低沉、重複的聲音與人類了解的鯨歌的規律相同。

千里傳音的歌者

從聲音來看，「52 赫茲」可能是一頭鬚鯨。

鯨目有兩大類：靠牙齒吃飯，捕食為生的齒鯨亞目，如抹香鯨、虎鯨（逆戟鯨）、海豚等；以及靠嘴裡梳子一樣的鯨鬚吃飯，濾食為生的鬚鯨亞目，如藍鯨、灰鯨等。齒鯨們通過頭上的鼻孔「哼」出各種聲音，從短促的嘰喳到超聲波：它們精於回波定位的捕食之道。相反，對於鬚鯨們來說，取食方式使它們沒有精確回波定位的需求，它們不哼超聲波，而是通過喉部唱出低沉的歌。「52 赫茲」的歌聲就類似於後者。

身處一片無盡的深藍中，鬚鯨們沒有靈敏的嗅覺，但它們會「千里傳音」，人類至今還不能確知它們是如何做到的——在鬚鯨的喉部並沒有聲帶一樣的結構。這些低沉的聲音，顯示著大自然的神秘。

藍鯨的基本頻率是 15～20 赫茲，這已經低於大部分人類的聽覺範圍（20～20000 赫茲）。而長鬚鯨的基本頻率是 16～40 赫茲，並且物種不同，歌聲的長短、節奏等組合也不相同。稱鯨們的聲音為歌聲，並不是憑空臆造的。它們有固定的頻率組合和重複方式，就像人類唱歌一樣。雖然鬚鯨們也用聲音來實現一些簡單的導航功能，例如測量水深、判斷前方有沒有大的障礙物等，但大部分鬚鯨的聲音卻並不只是為了這種簡單的目的——如果我們對它們的膚淺認識足夠靠譜的話。

鯨歌更多時候是唱給同類聽的，它也許有著複雜的社交作

用。它們是基本的通信手段，比如在藍鯨中，「快遊」大概是幾聲短嘯加上一聲長吟的重複，而「去吃東西」則是不同的唱法。

美國國家海洋和大氣管理局（NOAA）通過設在加州沿岸水下的水聽器研究了一群藍鯨表示「快遊」的歌聲，發現在末尾的長吟，同一群鯨發出的聲音精確地趨同於 16.02 赫茲，2,375 個聲音樣本基本頻率的標準差只有 0.091 赫茲！藍鯨對頻率的變化相當敏感，科學家推測，它們甚至可以通過同伴聲音的變調來判斷同伴相對自己的游泳速度和方向（它們會應用都普勒效應啊）！

此外，一些正在進行的研究也認為，鯨歌與性選擇有關，因此它們也有可能是「情歌」：在交配季節，雄性用歌聲來追求、爭奪配偶，雌性則通過評判追求者的歌聲作出選擇，並用歌聲回應。不過，大部分歌聲，我們無法知道它的目的，有人甚至認為它們純粹是「為了藝術」。

雄性座頭鯨是鯨中的「情歌王子」，它們會發出 20～10,000赫茲的聲音，各種頻率用多變的節奏組合成長長的唱段，其複雜程度在整個動物界都位居前列。

孤獨的吟唱者

回到故事的主角，「52 赫茲」唱的是什麼歌呢？

俗話說，「到什麼山頭唱什麼歌」，把「山頭」換做「海域」，對鯨們一樣適用。全世界不同海域的藍鯨，都有屬於自己

群體的獨特歌聲。對於「情歌王子」座頭鯨來說，甚至還有「流行歌曲」，這大概取決於不同時期、不同地域的戀愛潮流。

要想融入鯨群，唱歌不走調是一個最基本的要求。可是天意弄人，「52 赫茲」的歌聲竟完全不在調上：它不屬於人類已經記錄過的任何一群鯨。其他鯨或許聽到過它的歌聲，但因為聽不懂歌聲中的意圖，於是就沒有回應。這倒讓「52 赫茲」自身很容易被聲納系統長期追蹤，相比之下，正常的鯨只能作為一個群體來進行追蹤，個體之間很難區別。結果人們發現，12 年來「52 赫茲」的行蹤與任何已知鯨群的運動規律都沒有顯著聯繫。

奧地利偉大的動物學家康拉德・洛倫茲（Konrad Z. Lorenz）說過，所有鳴禽都會在孑然一身、百無聊賴時唱出更多的歌，因此人們可以在籠中養鳥以欣賞它們的歌聲。不過另一方面，人們也大可不必因此替鳥兒感傷，鳥兒歌唱是出於本能，唱歌讓它們自己開心。

因此，「52 赫茲」這些年來到底是經日不休地訴說著孤獨的悲哀，還是一路高歌為自己鼓勁助威，誰也不知道，全看人們用什麼心境去解釋了。

從發現「52 赫茲」至今，20 多年過去，「52 赫茲」也老了，它的頻率漸漸降低，現在只有 50 赫茲左右。它到底是誰？是一頭變異的藍鯨，是兩種鯨偶然的雜交後代，還是一個我們從不知道的物種的最後一員……我們唯一能確定的就是這個聲音會在將來某一天徹底消失，那時如果我們還沒有找到答案，就再沒可能知道答案了。

歌聲漸低的群鯨

　　鯨歌逐漸低沉，還發生在很多其他的鯨群裡。對全球 7 個海域的藍鯨的 10 種歌聲長達 50 年的記錄顯示，所有海域的藍鯨歌聲的頻率都在降低。沒有人知道藍鯨們降低歌聲頻率的確切原因，也許是性選擇取向的變化，也許是全球變暖的影響——由於中上層海水水溫升高，水中聲音傳播的速度提高了 0.3 公尺／秒。可能的理論有一大把，但願有人會去關心，但願有人能夠查明。

　　另外，由於一些海域的雜訊污染，藍鯨不得不提高歌聲的音量，才能達到原有的通信效果。總之，它們正唱得更低，唱得更響。

　　所幸，我們暫時不用擔心這些沉重的鯨歌，會在某天像「52赫茲」的聲音那樣消失。捕鯨已經在大多數地方被禁止，這些巨大的生物被保護了起來，如果我們善待這顆星球，藍色的海洋裡，就會一直有鯨歌相伴，就總會有人被它們吸引，希望去聽懂它們。

　　但願某一天我們真能聽懂鯨歌，不被自身物種的言語局限，我們在這顆星球上，才不孤獨。

chapter

生活 2

安居樂業才是好日子

熊牙利！熊貓兇猛！

瘦駝

　　今天好運氣，熊貓要吃雞。吃竹子的大熊貓大家見多了，要是哪天看見它開次葷，簡直比讓老虎吃草還難得。呃，好吧，其實野生老虎也經常吃點兒草，所以，大熊貓開葷也並不罕見。2011 年 5 月 2 日，武漢動物園的大熊貓「希望」就把隔壁翻牆進來的孔雀——好歹也是雞形目的，算是大公雞一隻——給活捉並咬死吃了牠的肉。

　　世界自然基金會（WWF）知道了這個事兒可能會有點小不爽，畢竟大熊貓是他們的標誌。WWF 在對大熊貓的介紹中這樣寫道：「這是一種平和的、吃竹子的動物。」

牙齒決定你吃啥

　　其實，要搞清楚熊貓為什麼吃雞，首先要搞清楚大熊貓的身世，而這得從它的牙齒說起。

　　牙齒，是動物分類學家和古生物學家的最愛，因為他們發現，不同食性的哺乳動物，牙齒的形態和數目差異很大，而同種類動物的牙齒又很相似。更妙的是，牙齒堅固無比，是最容易保存下來的化石標本，這給研究動物演化發展提供了很便利的材料。

　　哺乳動物，除了少數鯨類外，成體牙齒的數量都在 44 顆以下，動物學家們把這些牙齒分為四類，即門齒（incisor）、犬齒（canine）、前臼齒（premolar）和臼齒（molar），它們分別起到了切割、穿刺、撕裂、研磨的功能。動物分類學家會把一種動物的牙齒種類數量用「齒式」表示出來，比如狼的齒式是 i. 3/3, c. 1/1, p. 4/4, m. 2/3。這表示上下頜每側各有 3 顆門齒、1 顆犬齒，4 顆前臼齒和 2 顆上臼齒及 3 顆下臼齒。

　　大熊貓有兩對鋒利的犬齒，正是這兩對「短刀」曾經多次把試圖與之近距離接觸的遊客咬傷。而在四川和陝西，也經常有野生大熊貓襲擊家畜家禽的報導。那這鋒利的短刀是不是哺乳動物中的殺手——食肉目動物的標誌呢？

　　食肉目，是哺乳動物裡「惡漢」聚集的一個目，豺、狼、虎、豹、熊、狐、獴、貂都是它的成員。正如其名，食肉目聚集了哺乳動物裡面大多數的捕食者，它們四肢發達、行動敏捷，特別是擁有尖牙利爪。養過狗和貓的朋友一定會對他們的食肉目小

寵物的那兩對尖利的犬齒印象深刻。

雖然很威風，在動物分類學家眼裡，兩對大尖牙並不是將一種哺乳動物劃到食肉目門下的依據，比如跟我們人類同屬靈長目的狒狒就同樣擁有傲人的犬齒。科學家們關心的是上頜最後一對前臼齒和下頜第一對臼齒。所有的食肉目動物，這兩對牙齒各自生出了兩個鋒利的尖端，當它們咬合在一起時，這四個尖恰好像鍘刀一樣可以切碎和撕裂任何堅韌的肌肉、韌帶，這兩對牙齒，也被特別稱作「裂齒」。這兩對裂齒，才是食肉目的標誌。大熊貓擁有典型的裂齒，屬於食肉目是毋庸置疑的。

壓力太大，換菜單

那麼大熊貓是怎樣變成食肉目中罕有的素食者的呢？其實，動物的食性是經常充滿彈性的。大熊貓的所屬的熊科動物和親戚浣熊科動物都有龐雜的食譜，雖然它們都生著一口標準的「肉食牙」，在動物性食物缺乏和其他食物來源充足的時候，這些胖嘟嘟的傢伙會毫不猶豫地轉換食譜，所以我們會看到掰玉米的熊瞎子 [亞洲黑熊（*Ursus thibetanus*）] 和在城市垃圾箱裡討生活的浣熊。

目前發現的最早的大熊貓的祖先——800 多萬年前的祿豐始熊貓（*Ailurarctos lufengensis*）的牙齒化石告訴我們，這是一種「廣食性」的、體形類似狐狸的動物，不過它的菜單中還罕見植物，因為它的臼齒小而且平滑，還不能有效磨碎粗糙的植物纖維。

　　那時候始熊貓生活在相當於現在整個東亞中南部的溫暖濕潤的中低緯度林地，這裡食物充足生活安逸。不久，冰期來臨，原本廣袤的溫帶和亞熱帶森林面積迅速縮小，退縮到現在廣西、雲南、貴州和中南半島一隅。不僅僅是生存空間變小了，始熊貓還面臨強悍的競爭者——那些原本生活在北方的廣食性動物們也被嚴寒驅趕到了始熊貓的地域。

　　面臨雙重壓力，始熊貓必須做出選擇，要麼變得更加強悍，要麼尋找新的生存之道。後者是一條「捷徑」，因為無論地球的哪個角落，食譜龐雜的廣食性動物都是「全能戰士」，廣食性動物碰在一起，將會展開全面的競爭。而轉換功能表，就可以避免這種競爭。於是，我們看到200萬年前的小種大熊貓（*Ailuropoda microta*）——這是一種體形如胖狗的動物，已經擁有了粗糙寬大的臼齒，這是食草的標誌。

　　食草的代價也是巨大的，相比肉食，植物性食物營養匱乏，特別是這個才換了功能表的傢伙還沒有來得及演化出一套適應植物的消化系統。於是為了滿足生存需要，它們必須不停地吃。我們無法目睹小種大熊貓的生活，不過現存的大熊貓一天要化費 12～18 個小時進食，吃掉 12～38 公斤的竹子。同時，它們的身體變得更加龐大和近似球形，因為這樣可以降低身體散熱產生的損失。

都是為了生活

　　100 萬年前，秦嶺和雲貴高原都隆起了，這阻擋了來自西北寒冷的風，同時這一時期，全球氣溫也變得溫暖起來。森林再度向北延伸，大熊貓的祖先又得到了充足的生活空間。這時小種大熊貓已經被一種體形比現存大熊貓更大的巴氏大熊貓（*Ailuropoda baconi*）代替。從牙齒來看，巴氏大熊貓已經十分接近現存的大熊貓，它們的臼齒都具備了寬大於長的「舌側齒帶」和多結節咀嚼面，幾乎是徹底的食草動物。這一時期也是熊貓史上最繁盛的一段，現在的華北、華中和華南都可以見到巴氏大熊貓的痕跡，幾乎在這一時期所有的猿人化石附近都可以找到巴氏大熊貓的化石。

　　好景不長，一萬年前，又一次小規模的冰期到來，巴氏大熊貓重新退回南方山嶺遮蔽的溫暖峽谷之中。更不幸的是，這一時期，人類繁榮起來。人類是地球上出現過的最廣食性的動物之一，上至飛禽走獸，下至樹皮草根，人類無一不食。此時巴氏大熊貓已經演化成現今的大熊貓，而且體形開始變小，這往往是物種衰落的先兆。溫順的大熊貓、北方的猛象，以及紐西蘭的恐鳥，這些本已走向衰落的物種在人類弓箭陷阱和鐮刀耕犁的逼迫下，要麼滅絕，要麼即將滅絕。

　　2,000 年前，大熊貓在我國的河南、湖北、湖南、貴州和雲南五省還可以見到，那時候人們叫它「貔貅」、「貘」、「騶虞」。而今天，除了陝西南部、四川北部和西部面積不到 6,000

平方公里的隱秘山嶺中還有一千多隻野生大熊貓外，我們只能在動物園見到那些被「馴化」的國寶。

　　曾經轉換食譜而得以在與其他廣食性動物競爭中生存下來的大熊貓，現在，只能用偶爾咬人抓雞發發「熊」威這種無奈的方法告訴我們，它們也曾有過野性的過去，它們的牙齒，仍然還是鋒利的。

好品位的素食主義狼
紫鷸

　　比起世界各地的其他犬科動物，鬃狼乍看上去也許並無特別之處。可是在 2011 年 1 月，一隻雌性鬃狼因為不幸被車撞斷了腿骨，史無前例地成為有幸接受幹細胞治療的野生動物。隨著這位鬃狼妹妹以驚人速度康復的消息被網路大量轉載，這個看似平凡實則神奇的物種，也許應該抓住出名的機會，和預測世界盃的章魚哥一樣，在全世界廣泛搜羅粉絲。

　　炒作當然也是要有資本的，讓我們一起來看看，鬃狼有哪些萌點吧。

愛仙人掌，更愛水果；愛吃素，也愛小蟲和老鼠；愛晝伏夜出，更愛左手左腳地走路。不是狐狸，不是大尾巴狼；我不只是接受了第一例幹細胞治療，我不是大新聞中的配角，我是鬃狼。

「踩著高蹺的狐狸」

鬃狼（*Chrysocyon brachyurus*）生活在南美洲的稀樹高草草原，是犬科動物中身材最為高挑的。它生得一身火紅的皮毛，耳朵很大，尾巴也很大，完全是「火狐」的相貌。與狐狸不同的是它的腿長而纖細，隨時都像穿著黑色絲襪踮著腳走路，因此常被人稱作「踩著高蹺的狐狸」。「鬃狼」這個名稱來自它脖子上一列深色的鬃毛，像帥氣的駿馬那樣，這讓它的形象不至於那麼小家碧玉。鬃狼「踩高蹺」走路的方式也很特別：身體一側的前後腿不是交替著邁開，而是前腿後腿一起向前……俗稱順拐了。在BBC 的紀錄片《野性南美》裡，可以看到它們靈巧跳躍著捕食的場景，這種看似滑稽的步伐，鬃狼表演起來卻又不失優雅，透著一種不可名狀的諧趣。

其實鬃狼的身世確實也有點撲朔迷離，它是一個單型屬，也就是說這個屬裡面沒有其他親戚。至於它和狐狸還是和狼更親近，現在學界沒有定論。根據 2005 年發表的一篇基於 6 個基因位元點的系統學研究，世界上與鬃狼血緣最近的動物是南美洲的藪（ㄙㄡˇ）犬（*Speothos venaticus*），其次是南美的其他犬科動物——主要是南美的狐狸，然後是包括狼和狗在內的各種與狼類似的犬科動物，最後才是歐亞大陸的各種狐狸……

愛吃水果和蔬菜

鬃狼的食譜那是相當的另類，它以吃素為主，而且還都是高級的素食，比如各種營養豐富的果實，或者飽含水分和糖分的莖和根。當然，作為犬科的一員，鬃狼還是丟不掉捕食者的本性，所以偶爾也抓些鼠類、金龜子、蜥蜴、犰狳等小動物來開開葷。

儘管如此，鬃狼的食譜中常常 50% 以上都是植物：旱季時主食是巴西狼果，雨季時主食是番荔枝和仙人掌。這頗似現代城市裡的一些「素食主義者」：吃素，也吃魚肉，但吃其他肉會拉肚子……還別不信，過去動物園飼養鬃狼的時候不知道它吃東西這麼有品位，全用肉食餵它，結果害人家得了膀胱結石。

鬃狼愛吃巴西狼果，而巴西狼果正是得名於鬃狼，英文裡就叫做 wolf apple，它是茄科茄屬的植物 *Solanum lycocarpum*。這是一種小樹，最高可以長到 5 公尺，花兒就同茄子一樣的紫色，結一種金黃色的果實，看起來像番茄，吃起來像茄子。除了名字外，狼果從鬃狼那裡得到的還有更多的繁殖機會。這要從狼果、鬃狼和切葉蟻的關係說起：

切葉蟻是一種懂得「農業生產」的昆蟲，它們收割樹葉，用葉片栽培可以食用的真菌（就像人類栽培蘑菇）。而鬃狼喜歡在切葉蟻的巢穴上便便，這些便便會被切葉蟻當成「蘑菇園」的肥料搬入蟻巢內。然後，經過篩選，切葉蟻會把肥料中不需要的成分——比如狼果的種子——統一搬到蟻巢的垃圾堆上。這個過程大大增加了種子的萌發幾率，從而保證了狼果的繁殖成功率。

大自然的巧妙總是讓人驚歎！

害羞的犬科動物

　　也許食性真能決定性格，作為「狼族」的一員（雖然這還有爭議），鬃狼們卻少了那種「狼性」。它們不像狼那樣習慣集群，鬃狼十分害羞，遇事能回避就儘量回避——以至於對人類來說，它還相當陌生。「神秘的」、「鮮有研究的」、「缺乏資料的」是描述它們的行為時常用的短語。

　　不過隨著科技的發展，也有一部分科學家給鬃狼戴上了 GPS 頸環，用於跟蹤它們在野外的活動，讓我們終於可以對它們的「私生活」窺視一二：鬃狼是一夫一妻制的動物，它們主要在夜間活動，白天一對鬃狼會宅在它們大約 30 平方公里的領地上，主要負責睡覺。和所有犬科動物一樣，它們用尿液的氣味標記領地。和犬科動物不一樣的是，它們在夜間覓食時總是喜歡獨來獨往，甚至夫妻都不一起行動，而是儘量回避對方。害羞如此，簡直到了傲嬌的程度，這一點就和貓科動物相似了。

　　怎麼樣，鬃狼不只是第一種接受幹細胞治療的野生動物這麼簡單吧？不論你是素食主義者、傲嬌控、稀罕個高的、看身材先看腿的還是愛看同手同腳的，鬃狼都有秒殺你的潛質。好消息是：北京動物園就養著一隻鬃狼，被萌到的各位，快去圍觀吧。

搬家搭個「順風車」
poguy

　　2011 年 4 月底，《科學》雜誌刊發了一篇講述海洋表面的漩渦對海洋深處生物群落之遷徙的影響文章，簡單地說，就是海底生物群落如何搭乘海洋表面漩渦的「順風車」搬家的故事。作為文章的聯合作者之一，我也親見了「搬家」盛況。

大洋中脊——海底黑煙囪的發源地

　　這個故事先要從大洋中脊說起。大洋中脊是海洋深處的巨大山脈，那裡同時也是生成新的海洋洋殼的地方。在洋中脊火山口，灼熱的岩漿由地幔向上湧，逐漸冷卻，結合周圍已軟化的岩石形成新的洋殼，新生成的洋殼擠壓洋中脊兩邊已有的地殼，不斷向外擴張，最終在板塊的交界邊緣俯衝回地幔去。因此，洋殼在洋中脊出生，在板塊與板塊的撞擊中消亡，這樣代謝不止。

　　與大洋中脊相伴的有很多的海底火山，有時候這些火山會露出海面形成島嶼，最著名的便是冰島。儘管大洋中脊是如此巨大的地形結構，但直到 20 世紀 50 年代，通過大量的海洋調查，科學家們才對其分佈有了比較全面的認識。

　　正是因為大洋中脊深處岩漿不斷上升，所以中脊附近有一種特殊的地質奇觀——熱液出口——這種結構類似陸地上的溫泉。它是這樣形成的：冷的海水順著海底岩石的縫隙進入洋殼的深部，接觸到被岩漿灼熱的岩石後發生反應。反應後的海水變成高溫高壓富含礦物質的水，稱為「熱液」。上湧的熱液噴出洋殼頂部，與冰冷的海水相遇。熱液冷卻過程中，礦物從其中析出，並且就近沉澱在噴出口的四周，日積月累下來就形成了一個個高高低低的像煙囪般的噴口。「煙囪」噴出來的熱液如果有豐富的金屬離子和硫離子，當熱液與冷的海水混合時，黑色的金屬硫化物迅速沉澱下來，就會形成「濃煙滾滾」的「黑煙囪」；也有一些小的煙囪噴出的熱液溫度稍低、流速較小，且其中含有較多的矽離子和鈣離子，就會成為冒出二氧化矽和石膏的「白煙囪」。

「玫瑰花園」——神奇的熱液生態圈

　　大洋中脊不僅孕育了海底黑煙囪這樣的地質奇觀，更令人驚奇的是，在這個被陽光「遺忘」的角落，還存在著一類特殊的生物群落。1977 年，世界著名的載人潛水器阿爾文號（ALVIN）在東太平洋的加拉帕戈斯（Galapagos）群島洋中脊地帶考察熱液活動時，意外地發現了在熱液出口附近，有一片甚至比熱帶雨林更為生氣勃勃的生物群落——如雪片般密集的微生物，白色的貝、蟹，紫色的魚、蝦，最奇妙的是那裡有大片大片紅白相間的如同盛開的玫瑰一般絢爛的「花朵」，於是科學家們給這裡取了一個美麗的名字——「玫瑰花園」（rose garden）。每一朵美麗的「玫瑰」，就是現在幾乎已經成為海底熱液生態系統典型代表的管狀蠕蟲（tubeworm）。管狀蠕蟲是一種大型環節動物，生活在熱液口附近溫度為攝氏 15～20 度的地方。

　　寂寞的海底從此因為有了「玫瑰花園」而熱鬧起來。

　　和我們常見的基於光合作用的生態系統不同，熱液出口處的生態系統是基於化能合成作用的。在這個小系統中，能夠利用熱液裡面的硫化物獲取能量的細菌是最基本的生物。在這些細菌提供的能量的基礎上，熱液出口處還生活著多種其他生物。2007年，我也有幸乘坐阿爾文號下到 2,400 多公尺的東太平洋中脊，在那裡目睹了長達 2 公尺的管狀蠕蟲、貝類、白色大螃蟹，還有粉紫色的大醜魚，都活得很惬意的樣子。

海洋大漩渦——搬家的「順風車」

　　美麗的事物總是短暫的，同樣，靠抽熱液出口的「煙」活著的「玫瑰花園」並不長久。熱液出口不穩定，有時候會突然大規模地噴發。隨著研究的不斷深入，海洋學家們發現了一個奇怪的現象：發生比較大型的噴發時，熱液出口附近的幾乎所有生物都會死亡，但等噴發過去後，生物群落很快又會重新出現在新的熱液出口。

　　也許你會覺著新群落的出現是很自然的現象，但其實海底生物群落中與化能合成細菌共生、處於最基礎營養級的管狀蠕蟲要「搬個家」並不那麼容易。首先，海底的溫度非常低。在我們觀測的東太平洋海底，水溫大概為攝氏 2 度。而管狀蠕蟲的幼蟲在這麼低的溫度下，並不能存活很久，大概只有一個月。另外，這些生物幼蟲幾乎沒有游泳的能力，所以它們不可能自己遊到新的熱液出口。曾經認為的一個比較可能的原因是大洋中脊附近的海流把幼蟲帶了過去，不過，後來科學家們觀測到海底的海流非常弱，距離我們觀測到的噴發後又有生物出現的熱液出口最近的生物群落也有三百多公里，非常弱的海流是不可能在幼蟲死亡之前把它們運到這麼遠的地方去的。

　　那還會有什麼力量更強大的「順風車」呢？2004～2005年，我們在東太平洋中脊區域放置了十幾個海流計，把它們都掛在錨定在海底的浮子上面，這樣它們就能測量海底不同深度的海流變化。此外，我們還布放了可以測量生物幼蟲數目及沉積物的儀器。通過觀測，我們發現大多數時候，大洋中脊附近的流場比

較弱，也很穩定，但在某段時間流速會突然反向並強度明顯增強。當我們分析同時期的衛星資料時發現，在海底流速變化的時候，有一個直徑三百多公里的中尺度漩渦正好經過我們的觀測點。然後，結合數值模型及生物幼蟲和沉積物的觀測資料，我們推測出：正是海面的那個大漩渦影響到幾千公尺深的海底，它導致的海流讓熱液口的蠕蟲幼蟲搭上了搬家的「順風車」。

　　我們的工作除了解釋了熱液出口生物群落的遷徙問題外，還發現了另外一個問題。在太平洋東部的這些中尺度漩渦的強度和數量，跟給人類帶來眾多災難的厄爾尼諾現象之間有一定關係。這就是說，當厄爾尼諾現象發生時，不但人類會受到影響，連躲在海底幾千公尺的生物也會通過這些大漩渦被間接地影響到。這也告訴我們，地球是個高度耦合的系統，真算得上是「牽一髮而動全身」。

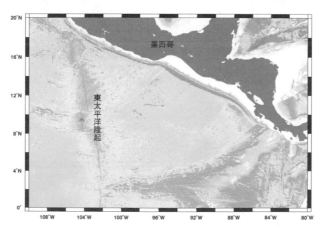

研究區域的地理位置，圖中藍色三角顯示的是研究觀測點。由特旺特佩克地峽海灣和帕帕加約海灣產生的中尺度漩渦影響著東太平洋海隆。

組隊飛行，大雁為什麼擺「人」字？ 水軍總啼嘟

　　「秋天到了，天氣涼了，一群大雁往南飛，一會兒排成個人字，一會兒排成個一字。」秋天一涼，你的耳畔，可曾隱約響起小學語文課堂裡那富有磁性的聲音？大雁組隊南飛，為什麼擺的是「人」字形和「一」字形，而不是更拉風的「N」形和「B」形，或者其他更具想像力的陣型呢？你或許以為，「節省體力」一說已經得到公認。事實上，我們對鳥類編隊飛行陣型的認識，遠非自以為理解的那般通透。

人字形編隊，省體力？

在現有的大雁人字形編隊說法中，「節省體力」的解釋雖然流傳最廣，但其實還停留在假說階段。到目前為止，科學家還沒有確鑿的證據來支持這個說法。

很早以前，人類就已經開始觀察到，大型鳥類通常選擇人字形或者一字形的線形陣，而小型鳥類則往往聚成一團。不過，對大型鳥類編隊飛行奧秘的科學探索，還要追溯到 20 世紀初萊特兄弟剛剛開啟航空時代的歲月。1914 年，德國的空氣動力學家卡爾‧魏斯伯格（Carl Wieselsberger）經過簡單計算後首次提出大雁飛人字形可以節省能量這一假說。他認為，大雁翅膀扇動會引發尾流的渦旋，而渦旋的外側正好是向上的氣流。如果相鄰的大雁剛好處在上升氣漩裡，那麼它們的飛行就會大大省力。

這個假說從誕生那天起，就受到了鳥類學家的歡迎，但是真正能對它定量計算卻在幾十年以後。1970 年，里薩滿（Lissaman）和斯科倫伯格（Schollenberger）利用日臻成熟的空氣動力學理論首次給出了一個估算。他們發現，與單個大雁相比，一個由 25 隻大雁組成的人字形編隊可以多飛 71% 的航程。他們還得出，最佳的人字形夾角為 120 度。這個研究結果是如此的激動人心，以至於如今的成功學和領導學教材上已經充斥著這個結論，用來說明領導是多麼偉大，而團隊工作是多麼有效率。

難道說，大雁組隊飛行隊伍擺法的問題就要這樣蓋棺定論了？

　　且慢！里薩滿和斯科倫伯格的研究，並未給出具體的計算公式和計算過程。而且採用的模型也過於簡化：先是假設這些鳥不扇動翅膀，而是像固定翼飛機一樣僵硬；同時也沒有考慮光滑的機翼和毛茸茸的翅膀之間的區別。此後，一批更深入的理論研究證明，大雁編隊飛行的能量利用率遠沒有文章中提到的那樣高。不管此類工作如何細緻，模型如何複雜，嚴謹的科學家們還是批評這些理論計算過於理想化。光憑理論計算，似乎無法博得人們的青睞。

省力與否，假說 VS 實證

　　理論計算行不通，科學家們開始另闢蹊徑，研究實地觀測資料中人字形夾角的度數。他們認為，如果空氣動力學優勢是大雁選擇人字形或者一字形的唯一理由的話，那麼大雁在大多數時間都應該保證人字形的夾角處於最佳或者某一個固定的數字附近，而且要避免飛成一字形，因為對稱的尾跡裡，一邊的上升氣流就會被浪費掉。但是，現實再一次無情地打擊了這一假設。雷達和光學跟蹤研究發現，大型鳥類飛行的人字形夾角在 24 度到 122 度範圍內詭譎多變，而且飛行中還會大幅度變換角度。最讓人費解的是，只有 20% 的飛行時間裡，它們才會選擇人字形，而大多數時候一字長蛇陣更受歡迎。

　　近十年來，新的技術革命又大大加深了我們對鳥類編隊飛行現象的認識。

　　這一次，無人機控制領域的專家們跑過來湊熱鬧了。隨著全球鷹和捕食者無人機的大量應用，控制學領域開始關注飛行器的自動導航和操縱問題了。在組隊飛行過程中，大型鳥類頻繁和大角度的調整飛行，還不斷更換領隊鳥和跟從鳥之間的相對距離卻不發生碰撞。賽勒等人在研究了大型鳥類飛行的觀測記錄後發現，從控制學上說，這些行為的並存幾乎是不可能完成的任務。不過，他們也沒有把這條路完全堵死：如果編隊裡的成員，每一個都以領隊為基準來調整自己，且編隊足夠小的話，這個任務還有那麼一丁點完成的可能。

　　到目前為止，最可靠的人字形編隊具有空氣動力學優勢的證據恐怕就是來自維莫斯克奇（Weimerskirch）等人的實驗。他們將八隻白鵜鶘訓練成自家摩托艇的粉絲，這些白鵜鶘只要看到摩托艇就會屁顛屁顛地跟著傻飛。通過測量白鵜鶘們飛行時的心律，研究者發現，白鵜鶘飛人字形時心率比單飛時低 11%～15%，因此他們得出鳥類飛人字形節省能量的推斷。但也有批評者跳出來反駁說，群居的動物往往比孤獨的動物心率要低。

　　總而言之，對於飛人字形究竟能否節省大雁長途奔襲中的體力這個問題，目前的確還不能下明確結論。也許，要找到這個問題的最終答案，唯一的方法就是去訓練一隊風洞裡的大鳥。通過它們在風洞裡飛行的力學資料，才可能判斷編隊飛行究竟有沒有節省體力。

鳥類編隊飛行研究，才剛上路呢

　　雖然科學家們尚不能證明人字形和一字形編隊能夠節省長途飛行的體力，但是這種編隊形式的其他好處已經被證實了。鳥類學家發現，加拿大大雁的眼睛分佈在頭的兩側，各自可以覆蓋從正前方往後的 128 度角的範圍。這與這些大雁編隊飛行的極限角度相一致。換句話說，每一個在編隊裡飛行的大雁都能看到領隊鳥，而領隊鳥也可以看見全部的編隊成員。

　　因此，這些鳥類選擇人字形和一字形至少有一個確定的理由：在編隊飛行中，每一隻鳥都能看見整個編隊，從而能夠更好地進行相互交流或者自我調整。

　　鳥類編隊飛行的現象雖然常見，但卻非常不容易進行研究。繼生物學家最早介入這一領域後，航空工程師、數學家，乃至物理學家們也都逐漸參與進來，各抒己見，包括「鳥類人字形編隊源於靜電場」這樣更加大膽的假說，也有了亮相的機會。事實上，任何人都可以提出自己的假設，只要經得起科學實驗和實地觀測的驗證，假說就有機會得到廣泛的認可！

毛毛蟲，保持隊形！
無窮小亮

人們時不時可以在網路上看到一些報導：「神農架發現千腳蛇，分開為蟲，合則為蛇」，說這種蛇可以被打散變成無數小蟲，過一會兒又會聚合成一條蛇，當地老鄉據此認為它有「接骨」的藥效……當然，任何意識清醒的人都知道，既然是由蟲組成，就不能稱之為蛇。這種現象，其實指的就是某些鱗翅目幼蟲——俗稱毛毛蟲的「排隊」行為。

毛毛蟲「排隊」，其實並不罕見

　　南非克魯格公園曾有一條 5 公尺多的「一字長蛇陣」——有136條毛蟲正在組隊橫穿馬路，為此，人們還把汽車停下讓它們先行通過。其實早在一百年前，法國昆蟲學家法布林就在巨著《昆蟲記》裡介紹了他對一種排隊毛蟲的觀察。在《昆蟲記》的中譯本裡，這種毛蟲的名字被翻譯得千奇百怪，「松樹行列蛾」、「松毛蟲」、「枯葉蛾」……其實，它的正式中文名叫做松異舟蛾（*Thaumetopoea pityocampa*）。松異舟蛾屬於鱗翅目（Lepidoptera）舟蛾科（Notondontidae），是歐洲南部、地中海地區和北非分佈最廣、危害最大的一種森林害蟲。它能危及幾乎所有品種的松樹和雪松，可以對森林造成嚴重傷害，幼蟲的毒毛還會使人畜嚴重過敏。近年來，由於全球變暖，這種生物不斷向高緯度和高海拔地區擴散，在一些過去沒有分佈的地區爆發成災，因而受到歐洲地區的廣泛重視。

　　這種毛毛蟲是營集群生活的，它們會在松枝間編一個大大的絲巢，然後大家一起住在裡面，可以躲避寒風。小的時候，它們會先吃包在巢裡的松葉，也不愛出去，是十足的宅蟲。等到長壯了，天氣也冷了，它們就像商量好一樣，開始停止取食巢內的松葉。因為再吃的話，巢就塌了，它們就沒法過冬了。

　　也就是說，在毛蟲覺得吃巢內松葉得適可而止的時候，就得組團開始外出吃飯了，這時候，它們就開始排隊了。每個隊伍都會有個「隊長」，這個「隊長」是隨機產生的，負責探路。如果把隊長

拿走，後一位就會立刻接替隊長的位置。毛蟲的頭看著很大，好像有兩個大複眼的樣子，其實那只是頭殼，頭殼上只有 10 個單眼，只能感光，看不清路。所以它們主要靠觸覺和味覺來探路。

　　之所以會選擇排隊前進，是因為它們都住在一個巢裡，每天出外覓食後還會回到這個巢，如果分散覓食的話，會出現很多意外情況，導致幼蟲不能回巢。而幼蟲期正好在當地處於秋冬季節，不能及時回巢就有凍死或被捕食的危險。所以，大家排成一隊是最好的選擇。

　　那毛毛蟲靠什麼來排成一隊呢？法布林認為是它們自己吐的絲。毛蟲只要在爬，就無時無刻不在吐絲，像醉鬼一樣邊走邊吐。不過，毛蟲吐出的液體一遇到空氣就變成固體的絲，黏在了地上。每條幼蟲吐的絲會黏在一起，變成一條「絲路」。長長的絲路經過陽光的照射，還會發出耀眼的光芒。

　　但是，近年來有研究顯示，絲線並不是毛蟲認路的依據。它們會一邊爬，一邊分泌一種「追蹤費洛蒙」，大家就是據此來找到回家的路的。毛蟲還能分辨出新路和老路，並選擇更多毛蟲走過的那條路。至於絲線，多少可能也有作用，但更多的是用於避免毛蟲在光滑的枝幹上打滑。而且即使切斷了那條絲路，毛毛蟲們也能繼續前進。

　　但費洛蒙主要是對「隊長」比較有用，對隊伍裡的其他成員來說，它們主要是靠觸覺感觸前面一條蟲的刺毛來保持隊形的。何以見得呢？科學家把一條毛蟲的內臟剝空，只剩外皮，套在木棍上，這個外皮不能分泌費洛蒙了，但僅靠上面的刺毛就能引誘

一隻活毛蟲跟著它走。

　　不過，排隊的毛毛蟲也有倒楣的時候。看過《昆蟲記》的人都不會忘記那個著名的實驗：法布林讓一列毛蟲爬上一個花盆的邊緣，讓它們開始繞圈。憨厚的毛蟲整整在花盆上轉了 7 天，一共 168 個小時，行軍總距離 453 公尺，總共繞了 335 圈！（為啥有「人體蜈蚣」的感覺……）最後還是靠一名餓暈了的毛蟲偶然爬下了花盆，大家才得救。不過，自然界幾乎不會出現這種情況。毛蟲排隊的戰略，還是非常保險的。

　　除了松異舟蛾，其實還有很多集群性鱗翅目幼蟲有排隊的習慣。在中國，最常見到的是刺蛾的幼蟲在排隊。刺蛾幼蟲碧綠光滑，排起隊來比松異舟蛾更具觀賞性。需要說明的是，毛毛蟲們只在找食的路上會排隊，找到食物後，它們就分散開吃了。要是繼續排著隊吃的話，後面的同學把莖稈一咬斷，前面的隊伍就拖著一條絲帶集體蹦極（高空彈跳）了……

被人誤解很深，
旅鼠壓力很大　紫鵁

　　說起北極的動物，大家肯定首先會想到北極熊，很少人會想到旅鼠。即使知道旅鼠的人，也多半是從「旅鼠長途跋涉集體跳海自殺」之類的故事裡聽說的它們。在沒有親見和認識這些小傢伙前，誤解就已經傳開了，但是自殺怎麼能隨便說呢，好好生活才是正經事啊。

　　旅鼠屬有四個物種常年居住在北極圈內：北美棕旅鼠（*Lemmus trimucronatus*）、西伯利亞旅鼠（*L. sibiricus*）、弗蘭格爾島旅鼠（*L. portenkoi*），以及最著名的挪威旅鼠（*L. lemmus*）。最後這種個頭只有 7～15 公分的毛乎乎、圓滾滾的小傢伙，就是被誤會最多的那種動物了，不僅被認為會集體跳海自殺，還被人看做「上帝的寵物鼠」，透露著上帝創造生命的某些真理……

「天鼠」

　　居住在西伯利亞的雅皮克人認為旅鼠是來自天空的動物，而斯堪的納維亞的農民則直接稱旅鼠為「天鼠」。因為它們經常會在北極地區的荒野中突然大量出現，然後又突然神秘消失。雅克皮人認為這些小毛球會隨著風暴從天上掉下來，直到春草開始生長時死亡。

　　16 世紀丹麥博物學家 Ole Worm 首次發表了挪威旅鼠的解剖結果，證實了它們和其他齧齒動物——也就是耗子——是相似的。可是這位博物學家仍然相信旅鼠是從天而降，只不過是被風從別處刮來的而非天上自然發生的。

　　旅鼠的神秘感來源於其大幅種群波動。尤其是挪威旅鼠，它們有明顯的 3～4 年的種群消長週期。儘管生活在北極圈附近，挪威旅鼠卻異常活躍，從不冬眠。冬天它們刨開雪地，依靠草根或預先儲備的食物度過。挪威旅鼠繁殖非常快，出生後不到一個月就達到性成熟，比大多數耗子還厲害，因此當食物豐富、冬天短暫時，它們的種群會爆發式地增長。

　　如今的生態學家們都還不能建立完備的預測挪威旅鼠種群數量的模型，更不用說過去的當地人看到一大群旅鼠在短時間內突然冒出時，該感到多麼錯愕了吧。不過，對於依賴旅鼠為生的北極狐、雪鴞等捕食者，突然出現的大群旅鼠，的確是天賜的禮物。甚至生活在北極的馴鹿，在極端條件下也可以吃旅鼠。捕食者也是造成旅鼠種群變動的一大原因。

「集體赴死」

　　不得不提的是，這種種群數量常常會大幅波動的小動物，居然是愛好獨處的——於是旅鼠們不能忍受鼠滿為患的居住條件。傳言中，旅鼠們「為了保證物種延續、控制種群大小，有組織地集群跳海」，這被解讀為各種關於生死的超脫感悟。而沒人能證實旅鼠是否真的組織過這樣的集體行動，它們也許更願意相互廝殺而不是自殺。最重要的是，跳海是沒有用的，旅鼠會游泳……在種群爆發時，總有一大撥倒楣的旅鼠由於打不過原棲息地裡的同類而被迫流離失所，離開家園慌亂地四處尋找新的棲息地。與其說這是有組織的遷徙，不如說這是集體大混亂，放在人類社會，這就是可能發生踩踏事件的危險情況……

　　由於旅鼠跋涉的路途中常要穿過寬闊的水面，著名的「集體赴死」場面就出現了。事實上，足夠強壯的旅鼠遊到了對岸，有的最終找到了新的家園，而總有些不夠強壯的倒楣蛋，在游泳的過程中耗盡了體力，因此溺死、凍死。

迪士尼，謠言煽動機？

迪士尼工作室在 1955 年將旅鼠在挪威跳海自殺的場面做成了卡通，放入了史高治叔叔的冒險系列漫畫中。史高治叔叔是誰呢？它是唐老鴨的舅舅，世界上最富有的鴨子 Uncle Scrooge，又叫麥老鴨、史高治老鴨，或守財奴麥克。就這樣，「旅鼠自殺」以藝術的形象走進了大眾視野，開始被包裝為誤導多數人的文化產品。

3 年後，迪士尼拍攝的紀錄片《白色荒野》（*White Wilderness*）上映，這部展現旅鼠跳海自殺的紀錄片頗受歡迎，後來獲得了奧斯卡最佳紀錄片獎。

國外已經有文章專門指出了很多紀錄片造假的行為，包括這部影片中的旅鼠自殺場面，其實也是偽造的。影片拍攝地加拿大阿爾伯達省本來並沒有旅鼠，是攝製組在北極地區購買了幾十隻旅鼠，並用一個轉盤來製造它們持續奔跑的效果，而且因為旅鼠其實並不會跳崖，攝製組人為地把它們推下懸崖，才得到了「自殺」的鏡頭。

為了商業和傳播價值，包裝和炒作一些不實傳聞的做法早已有之。熱愛自然的同學們要擦亮你們的雙眼，辨清這些真真假假的哲學故事。

地道保衛戰
YZ

還記得《鼴鼠的故事》嗎?機靈的小鼴鼠經常會以迅雷不及掩耳的速度挖出一個洞然後鑽進去,想抓它的老鷹們則只能在外面氣急敗壞。這種本領看起來真好使啊,不過其實穴居動物們的生活環境不都是這麼方便的:一方面,它們可以享受有洞穴居住的舒適;另一方面,洞穴那空間有限的通道又是引導敵害侵入的絕佳路徑,所以洞主如小鼴鼠要是不能有效應對,就難免被甕中捉鱉。因此洞主如果不是逃跑健將,或者狡兔三窟,就必須有本領拒敵自保。

屏障護穴行為（phragmosis）

《孫子兵法》就總結過攻守要義：「⋯⋯攻而必取者，攻其所不守也。守而必固者，守其所必攻也。故善攻者，敵不知其所守；善守者，敵不知其所攻。」就是說，攻就要攻對方疏於防守的地方，守就要守對方一定會進攻的地方，獲勝的可能才大。善攻的能使敵方無處防守；善守的，能使敵方無處進攻。

看似簡單的原則，在人類的戰爭中，都需要謀略加上天機才能實踐得好，自然界的防守策略，更經過漫長的歷史演化為不同形式。雖千奇百怪，又都在虛虛實實中實現禦敵的目的。

首先我們要看穴居動物面臨的挑戰。穴居，棲身於固體材質中的洞穴或洞穴網路中。傳統意義的穴居，包括以地下隧道或岩洞作為庇護所的居住方式（比如鼴鼠、土豚或者獾）；如果發揮你的想像力，廣義的穴居，應當包括在各種尺度上對固體甚至半固體介質內部空間的利用，從你家廚房裡蛀食堅果的象甲幼蟲，到西雙版納潮濕淤泥裡蠕動的魚鰍，再到內蒙古草原上在新鮮肌肉中探索天地的馬蠅蛆，它們的方式都可以被包含在內。

對於穴居動物來說，這是由各種管道構築和定義的世界。這些管道可以是自己啃食、挖掘和建築的，也可以是天然形成或廢棄的。無論是從外面進入，還是就在裡面逛逛，大部分時候道路都是這些管狀通道。相對糟糕的是，狹長的管道空間限制了逃逸，體形相當的敵人可以順著隧道入侵你的世界。如果坐以待斃的話，就只有死路一條了，怎麼辦呢？

在電影《地道戰》裡，冀中人民為了防止敵人進入地道，手段之一是巧妙掩飾入口。即使敵人進入地道，仍然可以用各種方式堵住地道，阻斷交通來限制敵人的行動。當然，如果一切防禦性努力都是白費，為了保存主力，走為上策（或稱戰略性轉移）也是不錯的選擇。穴居動物們也有此種智慧：增加存活率（survivorship）才是要緊事，只要能讓面對敵人時的防守或避免面對敵人的躲避更加有效的方法都行。

我們先來看一看正面的防守，從最簡單的情況說起：一個理想的隧道入口需要什麼呢？首先，需要一個蓋子，來擋住敵人。廣義的蓋子包括任何可以填充隧道口的結構。這個蓋子或者盾牌，只要形狀和洞口吻合，用具有一定強度的材料製作，就可以達到禦敵的基本目的了。但是簡單的蓋子會有一個弱點：蓋子和隧道壁之間通常都會有縫隙。縫隙可以被工具深入和擴大，捕食者的口器、身體的其他部位甚至整個身體都可以成為這樣的工具；而且工具對縫隙局部所施加的力學效應會破壞蓋子整體的防禦。所以，蓋子是可以被撬開的。怎麼辦呢？還需要繼續改進，只要能夠增加封住縫隙的機會，或是能夠增強抵禦破壞的能力，都是自然選擇傾向於保留的。比如，外延或增厚的蓋子上緣，均更好地封住了縫隙和減少了被破壞的可能。甚至在被撬動的情況下，隧道壁施與突起的邊緣的反作用力在蓋子內部形成反力矩，增加被撬開的難度。

然而，這樣的理想蓋子在自然界是不存在的，因為生命從不會拘泥於某一種簡單的設計。它們只會在漫長的演化歷史中，尋

找實踐原理與優化自我生存的平衡。自然界的工程師們，在各自不同的生境中，將簡單的原理與自身的潛力發揮到極致。

實例賞析

白蟻——[堆砂白蟻屬（*Cryptotermes*）] 白蟻的兵蟻，前額強烈角質化，整個頭部形成蓋子狀。在僅能容身的狹長孔道內，這樣的頭部配合發達的上顎，是巷戰中正面禦敵的利器。

螞蟻——許多樹棲的螞蟻種類，以高度角質化的頭部和強化的附屬結構，守衛家園的入口，或在孔道內進行防守。而且，「頭盔」的表面密佈的孔洞與纖毛，能夠積累雜質，從外觀上偽裝洞口。

一些螞蟻甚至能夠根據洞口大小組織足夠的兵力。此外，在膜翅目類各種阻擋巢穴外部或內部洞口的行為，也往往有特化的胸部或腹部參與，比如有的種類以腹部背板為盾牌抵擋入侵者。

蛙類——不少樹棲的蛙類在天氣乾旱時節以樹洞臨時藏身，除了逃避潛在的敵害外，這也是為了減少身體水分的蒸發。這些蛙類的頭頂皮膚骨化，與頭骨融為一體，外延並增生的上唇使頭部形成另一種盔狀。這樣的結構除了成功將自身保護於掩體之內外，更能顯著減少身體水分的蒸發而平安度過乾旱。

盤腹蛛——在砂質的土壤中營造垂直地穴的盤腹蛛為我們提供了另一個登峰造極的例子——它們擁有蓋子狀強化的腹部，形

成盾牌狀的防禦結構，更具有強化的外緣和剛毛。強烈角質化的腹盤外表面堅固如盾牌，為脆弱的其他身體部位提供保護。遭遇敵害時，它們能夠藏身於隧道的底部，以腹盤作為防守工具。

　　生物學上，把這些以身體的一部分遮罩或堵塞洞穴隧道的行為稱為 phragmosis（來源於 phragma, 意為屏障），中文大致可以翻譯為「護穴行為」或「屏障護穴行為」。

　　除了以上這些身體結構高度特化的例子外，防禦性的屏障行為其實以不同的程度存在於各種穴居動物中，大部分也並不依賴形態上的極端特化。北非的不少穴居蜥蜴就具有佈滿棘刺的尾巴，在地道中朝向洞口作為防禦。一些防禦或偽裝性的形態也能有助於護穴，比如虎甲的幼蟲就具有與環境融為一體的頭部和前胸，埋伏在地面的隧道口伏擊路過的獵物。

　　極端的結構特化往往反映了演化歷史中與這種防禦方式有關的強選擇壓（即演化出這種結構與行為能夠帶來的更高的適應性），以及更高的效率和更低的成本。

　　這裡談到的屏障護穴行為，雖然零散地記錄於各種分類學和行為學文獻中，但其生態學意義、機械原理以及演化過程，都缺乏系統的研究。從你家門口的大樹裡，到中美洲被蛙食的掉進水裡的果實裡，它們都在繼續生機勃勃地實踐以身為盾的防禦。

當小鳥挑戰大鳥
紫鵠

　　據英國《每日郵報》2010 年報導，野生動物攝影師 Paul Beastall 在挪威峽灣拍攝到了海鷗攻擊白尾海雕的場面，海鷗此舉是為了保護自己的食物。展開翅膀也就一公尺多的海鷗從正在專心覓食的翅展長達兩公尺的白尾海雕的背後俯衝靠近，發起攻擊。白尾海雕顯然對此沒有防備，為了擺脫海鷗的糾纏，只好停止這次捕魚。

　　《每日郵報》的編輯用聖劇《大衛與歌利亞》來比喻此場景：牧羊小孩大衛因為耶和華的護佑，戰勝了可怕的巨人歌利亞，趕走了侵略者，保護了家園以色列。

　　只不過，海鷗 V.S 海雕 這個故事的結局卻因海鷗最終放棄糾纏而使得白尾海雕抓得魚歸。

　　幸虧故事裡這隻海鷗沒有那麼堅決，沒有把一條魚看得那麼重。不然真有可能「鳥為食亡」了。儘管如此，我們還是要讚歎一下它最初的勇氣。據觀察，不少種類的海鷗都挺膽大的。

Size 不重要

　　鳥兒們勇於挑戰的精神常常讓人驚訝。身體大小的懸殊在憤怒的小鳥眼裡根本不是問題，就算是最袖珍的一類——蜂鳥，也會挑戰猛禽。

　　曾經有一隻身材迷你、還不及巴掌大的紅喉蜂鳥毫不顧忌對方的龐大體形，成功挑戰了一隻年幼的紅尾鵟。這件事發生在三藩市附近的灣區，拍攝者描述一隻紅尾鵟幼鳥正巧停到了紅喉蜂鳥的領地中，搞得這蜂鳥小哥很是氣惱。於是它靠近入侵者身邊，宣示主權。可謂壯哉！

　　紅喉蜂鳥的英文名字叫做 Anna's hummingbird（安娜氏蜂鳥）。不過它的脾氣可不像名字這麼婉約。這種鳥在面對人類的時候都十分勇猛，對此，本人也有切身經歷。故事是這樣的：

那是 2009 年的西雅圖，一個難得的春光明媚的日子。我去上課，在安靜的校園林蔭道中，遠遠就聽見枝頭有蜂鳥叫聲——蜂鳥的叫聲很特別，很細碎卻並不清脆，像在拉一把小鋸子。走了幾步後，突然感覺眼前超近處一物飛掠而過，然後高高騰起，把我嚇了一跳。緊接著它又從耳邊再次俯衝，然後在我頭頂前上方懸停，振翅的聲音嗡嗡不絕。

我這才定睛一看，原來是一隻雄性紅喉蜂鳥，剛才那段單調的叫聲一定是它在碎碎念「這是哥的地盤，這是哥的地盤，這是哥的地盤……」在它準備第三次對著我的頭部俯衝的時候，我逃遁了——為了不過於打擾它的生活。

保家衛子渾不怕

然而，更多的時候，賜予鳥類中的「大衛」們勇氣與力量的，不是耶和華，也不是食物或者領地，而是巢和後代。小鳥們往往在保護巢穴時會更加堅決，甚至不達目的誓不甘休。記得小學課文裡為了保護幼仔和獵狗對峙的老麻雀吧？

當然，要達成驅趕入侵者的目的，最好不是一隻鳥在戰鬥。

美國博物學家 Alexander Skutch 在《蜂鳥的生活》（*The Life of the Hummingbird*）中描述了一種生活在哥倫比亞和厄瓜多爾的紫冕蜂鳥，這種小鳥曾夫唱婦隨地驅趕了靠近它們寶寶的高冠鷹雕。鳥類學家 Millicent Ficken 在亞利桑那州也觀察到了五隻蜂鳥

合力趕走了一隻鵂鶹（一種小型貓頭鷹）。

　　蜂鳥與入侵者的對抗，有點像和平時代戰鬥機對付侵入領海範圍的大型敵機的情形。它們不會主動攻擊，而是憑藉自身高超的飛行技巧，不斷地靠近敵機，與之糾纏。大型敵機靈活性遠遠不夠，也許會因為想擺脫麻煩而被迫撤退。

　　使用烏海戰術對付入侵者的行為，在動物行為學裡叫做mobbing，姑且翻譯為「群趨防禦行為」。它既可以是滋擾，也可以是圍攻，都是針對捕食者，通常是為了保護後代。宮崎駿的大作《魔女宅急便》裡就描繪過喜鵲成群結隊地撲向被誤解為偷蛋賊的琪琪。

　　群趨防禦是一種大到海鷗和烏鴉，小到山雀和蜂鳥都會產生的行為，是它們戰勝體形大於自身的入侵者的有效方法。一些不同種類但經常混群的鳥兒甚至可以團結起來，通過相似的警戒叫聲發起跨物種合作。

　　下一次，如果再遇到這種憤怒的小鳥，我們懂的，那不是奇聞，是本能。讓自己的基因延續下去的本能賜予了它們力量，通過執著和團結，看似弱小的生物也可以變得很強大。如果碰巧有相機，請把它們憤怒的身影記錄下來——那是值得人去敬畏的。

被奇怪的東西附體了！
無窮小亮

　　在電影《阿凡達》裡，納美人可以用思想自由地控制自己的坐騎，想讓它們左拐 20 度它們都不會拐成 15 度。這種「心電感應」的境界很令人神往吧？其實這種現象在地球上處處可見，只不過「被感應」的那一方生活大多很悲慘。

　　在地球上，與納美人地位類似的就是各種寄生生物。一般的寄生物，比如蛔蟲，只是安分守己地躲在寄主體內分享寄主的營養，不愛沒事找事。但下面提到的這幾位，由於有一些特殊的要求，它們學會了操縱寄主的行為，使寄主變成被「附體」的「僵屍」。

冬蟲夏草，「僵屍」典範

　　自然界有很多「僵屍」，最著名的就是冬蟲夏草了。它是蝙蝠蛾幼蟲被蟲草菌（*Cordyceps sinensis*）侵染形成。蝙蝠蛾的幼蟲生活在地下，而蟲草菌的孢子會通過水滲透到地下，專門感染它們。受真菌感染後的幼蟲會從地下深處逐漸爬到距地表兩三公分的地方，頭上尾下而死，這樣，蟲草菌的子實體就可以順利伸出地面，散發孢子傳播下一代了。真菌寄生於昆蟲（幼體或成蟲）的情況其實非常常見，「冬蟲夏草」只是一例。

「僵屍」螞蟻

　　在巴西熱帶雨林也有類似的情況。一種新發現的真菌種類 *Ophiocordyceps camponoti-balzani,* 會寄生在螞蟻身上。這種真菌寄宿在弓背蟻的大腦中，「命令」垂死的螞蟻把自己掛在葉子上或其他穩定的高處，給真菌提供一個穩定的「孕育室」，同時也利於孢子的擴散。而且真菌會控制螞蟻在死前緊緊抱住葉片，以免掉在地上降低擴散孢子的效果。

97

鐵線蟲與螳螂，生存還是死亡？

　　八九月份時，如果在水邊找到死去的螳螂，很可能就是鐵線蟲的傑作。這種古怪的蟲子隸屬於線形動物門，是鐵線蟲綱蠕蟲的總稱。它的成蟲寄生在螳螂或直翅目昆蟲的體內。鐵線蟲的直徑一般只有 1 公釐左右，體長卻有 30 公分！身體極其堅韌，刀不鋒利都砍不斷！你能想像螳螂的小肚子裡盤著 30 公分長的鐵絲嗎？鐵線蟲的幼蟲在水裡生活，所以當螳螂腹內的鐵線蟲成熟時，必須要回到水中完成產卵的任務，這時鐵線蟲會驅使螳螂尋找水源並跳入水中淹死，然後它就會破腹而出進入水中。若螳螂未能及時找到水池或池塘，鐵線蟲最後憋不住了仍會鑽出，但結局是乾死在陸地上，而螳螂也會因腹部受傷而死亡。像不像《異形》的情節？

　　更可怕的是：鐵線蟲偶爾還會進入人體，引起鐵線蟲病（nematomorphiasis）。人吃了含有幼蟲的生水、昆蟲、魚類、螺類或其他食物，鐵線蟲會進入消化道；此外，它還會通過尿道進入人的膀胱內。蟲體侵入人體後可進一步發育至成蟲，並存活數年。

　　不過，人被寄生後不會情不自禁地跳河自殺，只會表現出尿頻、尿急、消化不良、腹瀉等症狀。

植物也會被「附體」

　　不僅僅是動物，植物也可能會被「附體」而長出非常規的形態。生長在美國科羅拉多高山草甸的一種南芥，被銹病菌（*Puccinia monoica*）感染後，頂端的葉子會變成黃色，好似一朵毛茛科植物的黃花。這種「假花」會欺騙蝴蝶，將其吸引過來，進而將真菌的孢子帶走，以達到其傳播孢子，繁殖下一代的目的。

　　最後登場的這種生物非常限制級，請家長仔細權衡是否能給小朋友閱讀！

　　這種寄生蟲學名叫 *Leucochloridium paradoxum*，屬於扁形動物門，吸蟲綱，彩蚴吸蟲屬。它一生會寄生在兩種動物體內：一種名為琥珀螺（*Succinea putris*）的陸生蝸牛和鳥類。它在胞蚴期侵入琥珀螺體內後，會擠進蝸牛細細的眼柄裡，然後不斷伸縮蠕動，最後蝸牛的兩隻「眼睛」就變成了兩隻「大肉蟲」。而且胞蚴的身上有十分顯眼的彩色條紋，蠕動起來尤為引人注目。在寄生於蝸牛體內後，胞蚴還能控制蝸牛往高處和亮處爬。蝸牛是喜陰暗的動物，這樣做是違背其天性的，但寄生蟲迫使蝸牛不得不這麼做，因為這樣更容易被它的下一個寄主——鳥類——發現。作為一隻鳥，很難不被這樣一個花裡胡哨的「疑似大肉蟲」所吸引。當鳥吃下蝸牛後，胞蚴就進入鳥的體內繼續發育，蟲卵隨著鳥糞排出，當新的蝸牛吃下鳥糞後，新的黑暗輪回就又開始了。

　　看到這裡，你應該對「命運」這個詞有了新的認識吧！

攻擊與復仇，
自然之道？ Greenan

　　《貓和老鼠》的故事我們再熟悉不過了，湯姆奮力追捕，傑瑞躲躲藏藏，還時不時伺機報復。每一次眼看著湯姆就要把傑瑞變成肚裡的甜點，傑瑞總是有辦法化險為夷，還弄得湯姆狼狽不堪。於是仇恨就這樣累積，矛盾貫穿始終不可調和。相比之下，自然界中的貓鼠，似乎一直都是鼠被貓欺，未曾博得過翻身的機會。

食物鏈中的演化戰爭

　　從人類最初為家貓家鼠設置戰場至今，幾萬年過去了，你是否想過，老鼠們真不曾記得去「討個公道」嗎？貓們是否曾對此表示過憂慮？再往遠處看，幾億年過去，捕食動物與被捕食者，食草動物與植物，嘴一張一合，生命就消失了。世仇口口相遞，代代相傳，誰，在復仇？

　　被雞骨卡在食道的國王，為什麼會歸罪於女兒詛咒，而不曾考慮那是小公雞同歸於盡的壯舉？被捕食動物豢養各類寄生蟲做門徒，是不是為有朝一日討個說法？珊瑚礁魚類吞吃微生物，在體內累積雪卡毒素，是為報復食客嗎？夏日裡皮膚上片片日光過敏的紅疹，難道不是吃綠葉菜後的報應？

　　出來混，總是要還的。但自然界卻沒那麼複雜。

　　危機重重的自然界黑道中，食物鏈就是運行法則。食草動物大肆啃食植物，食肉動物捕殺這些貪婪的消費者；食腐生物分解其他生物的糞便或肉身，回歸給植物做肥料。為了盡可能多吃多占，捕食者們從不憐香惜玉，吝惜獵殺本領。為降低被捕食風險，被捕食的動物植物們演化出各種自我保護的方式。快跑、鑽洞，是羚羊、兔子一類的慣常做法；下毒、紮刺，對於蛇和蜜蜂來說也無不可。增強自己的逃避能力，或者提高捕食者的生存風險。

　　演化的軍備競賽中，招數繁多，無所不用其極。生物並不需要復仇來維護物種間的公平，它們沒心沒肺地生長，全賴生態系統暗自記著小賬，有足夠長的演化史等它們相互償還。

動物的社群衝突

　　生亦何歡，死亦何苦？按說食草動物應該相親相愛，可自然界又沒那麼簡單。

　　除去螞蟻、蜜蜂這樣的社會性生物，生活在群體中對動物個體來說有很多潛在好處。擠在一起可以降低被捕殺的風險，湊成大群可以共同保護食物資源，或集體照應後代。但生活在群體中又不免面臨各種衝突，尤其在食物資源有限，或競爭配偶時，個體間的關係更是緊張。

　　和人類社會相似，在動物社群中，戰爭也是嚴重的反社會行徑，不僅會傷害個體，對群體利益也是一大損失。所以動物們總會設法減緩社群緊張，儘量避免衝突發生。為緩和社群關係，社會關係複雜的動物還演化出各種行為技巧。鯨豚相互親昵，靈長類互相修飾整理毛髮。和人們見面時握手、擁抱、親吻或碰鼻子相似，在久違重逢這種很容易發生衝突的時候，斑鬣狗也會通過快速輕微的身體接觸來舒緩緊張。

　　畢竟耗神費力，即便表達攻擊行為，動物們也通常會本著有理、有利、有節的原則。在發情季節，有蹄動物群主把偷情的單身漢們趕開，到遠避母獸群為止；面對領地入侵者，動物領主也就擺個恐嚇的姿態吼走對方罷了。在衝突發生時，動物不像人類有那麼多複雜的策略，它們不會記仇，更不懂得臥薪嘗膽。對它們來說，戰鬥就是攻擊或逃跑，結果只有勝利或敗落。在衝突過程中，以及戰鬥後，動物們會展示一些和解行為盡釋前嫌。蜘蛛

猴、黑猩猩或倭黑猩猩可能相互擁抱，甚至親吻。

　　大家都是討生活的，還是儘量不要窮追猛打，趕盡殺絕吧。畢竟在群體中相互依賴、相互合作才是生存要義。

暴力和復仇

　　為了生存，動物們會儘量避免相互攻擊。但作為演化的產物，一種力道反常，傷害升級甚至有點病態的攻擊行為——暴力也並非人類獨有。和普通的攻擊行為相區分的，是暴力不接受和解或投降，只以殺死對方為目的。火蟻群、黑猩猩或狐會對「外來者」展開致命攻擊。在熊、鼠和靈長類等很多動物中，如果碰到的雌性撫育的不是自己後代的幼崽，成年雄性為了獲得交配機會，會殺死那些柔弱無力的小生命。

　　但作為社群衝突的特殊形式，好戰和復仇，無疑是人類獨有且最擅長的攻擊行為。和我們的日常經驗相一致：復仇是甜蜜的，但很難得到什麼實在好處。神經生物學實驗發現，在被背叛時，志願者會感到很不爽，而懲罰對方時，復仇行為刺激了志願者大腦皮層中有關「感覺不錯」的腦區神經。委內瑞拉的亞諾馬莫人極端好戰，三成的男人死於部落間的復仇征戰。20 世紀 80年代，一項人類學研究發現，那些活著的亞諾馬莫「戰神」比部落裡的「縮頭烏龜」們擁有更多妻子和孩子。換句話說，雖然可能遭到傷害，但好戰可以通過擁有更多妻子、增加子嗣數量來提

高自身價值，也就是個體適合度。不過這個解釋被不久前的另一項研究推翻。在厄瓜多爾更加崇尚暴力的沃然尼人中，有四成男女死於部落征戰。研究者把活著和死去的人們都統計起來，發現人們並沒有因為牢記血海深仇，在繁衍上獲得更多好處，因為很多戰神的妻兒們也通常一起慘遭不幸了。

可見「君子報仇十年不晚」這種行為策略只在人類社會中的出現，是複雜的神經和心理活動的結果，並沒有什麼演化優勢。復仇不會給動物們帶來任何進化益處，也因此不會出現在非人生物中。也許你會問，那我們所看到或聽說過的那些動物報復人類惡行的故事，又是怎麼回事兒呢？

動物和人的衝突

攻擊甚至暴力都並非人類獨有，究竟是什麼引發了動物的這類行為卻可能有各種原因。有人說，憤怒的大象攻擊馴象師，圈養的虎鯨殺害馴養員是為了報復馴獸師之前的恐嚇和控制。其實那不過是這些動物偶發的暴力行為，而對象恰好是離它們最近，甚至被它們當作社群成員的那個人而已。對於絕大多數動物而言，它們在何種情況下採取何種行為「策略」，早已由演化在該物種的基因組中事先編制好了。保護食物資源，佔有交配對象以及保護幼崽是最常引發攻擊行為的因素。如果環境不改變，威脅反復出現，這類攻擊行為甚至可能固化為條件反射。比如前一陣

流傳的，一個山民掏了金雕的雛鳥，遭到金雕屢次襲擊。

　　和自然界的物種間衝突一樣，人類和野生動物的衝突由來已久。但與其他物種間衝突不同，人類活動不只是捕食與被捕食的食物鏈關係這麼簡單。伴隨著人口增長和人們的生活水準提高，現代社會在野生動物保護上的成就和意識，使人們越來越關注人類和野生動物之間發生的衝突。

　　在印尼，葉猴、野豬、長尾猴和紅毛猩猩會沖進農田毀壞莊稼；在印度的老虎保護區，村民們一成多的牲口被老虎吃掉，一成多的作物被亞洲象破壞。雖然很多靈長類恐懼人類，但有些動物卻有著攻擊人類的癖好。藏酋猴在峨眉山幾乎占山為王；烏干達的狒狒也成了當地一霸；幾內亞的黑猩猩最喜歡攻擊恐嚇無辜的兒童，甚至把人類嬰兒從母親懷中搶走，然後吃掉。

　　如果不負責任地圍觀，我們大可以幸災樂禍地說，那些人是因為侵害動物活動空間活該受罪。但換位思考一下，這些辛苦耕耘的農民，又真的會比我們這些城市裡五穀不分、大量耗費能源的人更加惡貫滿盈到需要遭受懲罰嗎？從動物角度出發，野生動物破壞農田偷吃牲畜甚至襲擊兒童不過是偶發的捕食行為。非洲象為了吃到嫩芽會不計後果去推倒稀樹草原上最後一棵大樹，掃蕩一下村莊又怎麼可能是蓄謀已久的報復呢？

　　更多時候，因果報應之說掩蓋了人與動物間的衝突真相。曾有個非洲部落的兒童屢受黑猩猩襲擊，村民們認定原因是他們聽從了自然保護主義者的勸說減少耕種，而因此遭到來這裡找不到玉米吃的黑猩猩的報復。研究者考察了當地的植被條件，建議砍

去一部分村子週邊的木瓜樹。而那以後，黑猩猩在村子外出現的頻率就下降了。

　　我們人類，總戴著傲慢自負的有色眼鏡去觀察，自以為是地把人類感情帶入別的生物，讓它們演繹愛恨情仇。其實無論是《貓和老鼠》，還是《冰河時代》，講的都只是我們自己的故事，和自然沒啥關係。

陸龜打哈欠會傳染嗎？
紫鷸

　　還在談論人類打哈欠會傳染嗎？奧地利維也納大學認知生物學系的安娜‧威爾金森（Anna Wilkinson）和她的同伴們早已在幾年前就把這個問題搬到了紅腿象龜（*Geochelone carbonaria*）身上，並憑藉發表在中國科學院動物研究所《動物學報（英文版）》（*Current Zoology*）上的論文摘取了 2011 年搞笑諾貝爾生理學獎的桂冠！雖然她們的結論是，不會。但是經過各種歡樂的實驗後，她們認為龜打哈欠不傳染，很重要……

打哈欠會傳染的三大假說

打哈欠是一種許多脊椎動物都有的行為。人們認為它至少有兩大重要的作用：

① 為困倦或有壓力的神經提供一定程度的喚起，以利於動物保持生存所必須的警戒；

② 在動物群體中提供一種交流的手段，以確保大家行動一致。即：你困了嗎？我也困了，那麼都洗洗睡吧……

打哈欠會傳染嗎？已有實驗證明人類（*Homo sapiens*）在看到、聽到同伴打哈欠後有 40%～60% 的幾率也會打一個哈欠。並且，也有研究者在黑猩猩（*Pan troglodytes*）、短尾猴（*Macaca arctoides*）、獅尾狒（*Theropithecus gelada*）甚至狗（*Canis familiaris*）等物種中記錄到了打哈欠的傳染。至於這是為什麼，目前假說有三：

假說一：「固定反應」說。當甲看到乙打哈欠後，即刻觸發了甲的打哈欠的反射，於是甲也打哈欠。這個是觸發開關式的固定反應，整個過程是「無腦」的。

假說二：「無意模仿」說。當甲看到乙打哈欠後，無意間也模仿了乙的動作，打了哈欠。這種情況下通常甲在獨處時是不需要打哈欠的，打哈欠純表示和乙是一夥兒的。這是社會性的動物能夠表現出的。

假說三：「通感」說。當甲看到乙打哈欠後，受到乙打哈欠所表現出的情緒的感染。「啊，原來我也困了／無聊了呢……」

於是同打哈欠。這是有較複雜神經系統，能處理複雜思想情緒的動物才能做的高級事情。

於是，我們敬愛的搞笑諾獎得主，安娜・威爾金森等人為了分辨這三個假說的正確性，選擇了絕佳的實驗材料：看起來笨笨傻傻的一種陸龜：紅腿象龜。和靈長類或者聰明的狗不同，這些傢伙頭腦簡單，看起來不像有複雜的思想情緒，也不怎麼合群，不過倒是善於觀察、眼神不錯的動物。紅腿陸龜打哈欠要是也能傳染，這只能是無腦的「固定反應」了對不對！

實驗就這麼華麗地出爐了！

手把手教你：做實驗，得諾獎！

安娜和夥伴們養了 7 隻還沒有長到性成熟的紅腿象龜（因此，由於缺乏第二性徵，研究者甚至不能鑒定其中 3 隻龜龜的性別），這就是她們的實驗材料了，她們在研究方法中寫道：首先保證所有的龜都是養在適宜的溫度和濕度條件下（按：這樣才不會行為異常），然後保證了它們此前從未接受過類似的實驗……嗯，一切就緒了。

實驗的第一個難點是，要讓打哈欠在龜龜中傳染起來，必須要有一隻先打哈欠的龜龜。雖然龜龜們會打哈欠，但這也不是想打就能打的。於是，安娜等人花了 6 個月的時間先用食物的誘惑，把其中一隻叫做亞莉桑德拉（Alexandra）的蘿莉小龜調教成

看到紅色的方塊就會做出張嘴、仰頭的動作，至少它看上去和龜龜打哈欠沒什麼區別⋯⋯雖然，其實這是想吃東西的動作！嚴肅地說，這是人工誘導建立的一個條件反射（參見巴甫洛夫和狗的故事）。但是，這已經是我們所能做到的極致了，不是嗎？

　　這下萬事俱備，東風也有了，實驗正式開始！安娜等人把亞莉桑德拉放在一個缸子左邊，用紅色的方塊讓她表演打哈欠。與她透明的一牆之隔的缸子右邊放了另一隻龜，作為「被試」。安娜等人只在被試真的在看亞莉桑德拉打哈欠時才記錄資料，記錄的資料是 5 分半鐘內被試打哈欠的次數。

　　為了排除實驗操作本身對被試的影響，安娜等人還專門設置了兩個對照組：一個是缸子左邊只放亞莉桑德拉，但不讓她表演打哈欠（如果她真的打了，資料作廢重新來過）；另一個是缸子左邊沒有亞莉桑德拉，但放出那個調教她的紅色方塊。這樣就有了一個實驗組、兩個對照組，且這 3 組操作要重複 3 次，每個被試的每次操作都是在每天午後相似的時間進行，還要隨機打亂不同操作的次序⋯⋯也就是說，完成被試們的實驗需要至少 9 天時間！科學的嚴肅與崇高與美，體會到沒有！

　　這就是安娜們論文中的「實驗一」，結果是，不論是實驗組還是兩個對照組，被試都很少打哈欠，實驗組和對照組沒有統計學顯著的區別。

　　然而，安娜等人並沒有就此罷手。因為文獻中別人的相關研究通常都用多個哈欠來誘導被試產生反應，是不是在實驗一中，亞莉桑德拉只給每個被試表演一次哈欠是不行的？因此，有了實驗二。

　　實驗二，包括對照組之內的一切設置同實驗一，不過亞莉桑德拉要在一分鐘內表演打兩個以上的哈欠。同時，記錄被試的反應的時間從 5 分半變成了 3 分鐘。5 分半其實是文獻中前人的研究常用的一段時長，至於為什麼在實驗二中被縮短，因為安娜等人擔心被試長時間在這個舒服的缸子裡真的會困，這樣就難以排除它們因為困倦而打的哈欠了（喂，是你們自己困了吧……）。

　　實驗二的結果，同樣地，被試都很少打哈欠，實驗組和對照組沒有統計學顯著的區別。

　　兩輪實驗下來，至少又是將近一個月過去了。在我們正常人幾乎就可以做出「紅腿陸龜打哈欠不會傳染」這樣的結論時，嚴謹的科學家安娜們又想到了一個問題：是不是因為亞莉桑德拉表演的打哈欠與真正的打哈欠還是有區別的呢？被試也許真的沒有意識到它們是在看一隻龜龜打哈欠呢！於是，她們又設計了實驗三。

　　在實驗三中，缸子左邊的亞莉桑德拉換成了一台筆記本電腦。被試們看到的，是電腦螢幕上的亞莉桑德拉出演的視頻。這視頻包含三段內容：亞莉桑德拉被誘導表演打哈欠的錄影、亞莉桑德拉真的在打哈欠的錄影、空缸子的背景。每段內容重複 2 遍，並且每段內容被剪成了同樣的時長，中間用白屏顏色隔開……然後其他一切實驗操作同實驗二。

　　實驗三的結果，好吧，被試們還是不怎麼打哈欠。被試們觀看三種視頻片段後打哈欠的次數沒有統計學顯著的區別……

研究的偉大意義

　　請不要小看搞笑諾貝爾獎的得主，和正經諾獎得主一樣，他們都是受過嚴謹正規的科學訓練的。除了研究的課題可能略嫌奇怪外，搞笑諾獎的科學精神不容置疑，也是值得我們認真學習的。我們正在看的這個例子，既有科學的一絲不苟，又有科學人的堅持不懈。何況，這可是發表在中國學術期刊上的文章呢，是我們走向世界、為諾獎作貢獻的又一重大成果！

　　雖然，安娜等人承認：無論是看視頻，還是看調教後的亞莉桑德拉表演打哈欠，都沒有真正打哈欠時的吸氣、呼氣的過程，因此被試們也許還是不認為它們正在看到一隻紅腿象龜打哈欠。但是，至少視覺效果上，安娜等人的實驗中的哈欠還是打得惟妙惟肖的，而且前人的研究也證實，紅腿象龜會對其他視頻中的視覺刺激產生反應。因此這個研究並非沒有意義。

　　如果被試們真的認為自己在實驗中看到了一隻紅腿象龜打哈欠，而它們自己沒有跟著打，這至少證明了動物打哈欠不是一種一觸即發的固定反應，即「打哈欠會傳染假說一」是不成立的。這樣一來，打哈欠傳染就只可能是具有社會性或者更複雜的認知、情感意義的活動了，也許真的只會在靈長類和其他大腦複雜的動物中出現，打哈欠的生理學、行為學和生態學意義又被提高了！

　　讀到這裡，你打哈欠了沒呢？

《里約大冒險》的那些角兒們　Tatsuya

太陽冉冉升起，在巴西里約熱內盧附近的雨林中，一隻頭頂紅色的長尾小鳥——線尾侏儒鳥 [也叫線尾嬌鶲（*Pipra filicauda*）]輕盈地躍下枝頭，在茂密的林間上下穿行，一路驚起各種鳥兒：喬科巨嘴鳥（*Ramphastos brevis*）排著隊走出樹洞；嘯鷺（*Syrigma sibilatrix*）、棕頸鷺（*Egretta rufescens*）等鷺鳥在樹上開始搖擺；華麗軍艦鳥（*Fregata magnificens*）鼓起了紅色的喉囊。

熱情的氣氛迅速在雨林間傳遞。紅綠金剛鸚鵡 [也叫小金剛鸚鵡（*Ara chloroptera*）]，紅肩金剛鸚鵡（*Diopsittaca nobilis*），黃藍金剛鸚鵡 [也叫琉璃金剛鸚鵡（*Ara ararauna*）] 在林間跳起歡快的舞蹈。紅綠金剛鸚鵡在林間穿梭，經過高大樹木的一個洞巢。洞巢中年幼的藍色小鸚鵡也被吵醒，它一邊搖擺著剛剛長出來的尾羽一邊向外觀看，附近的樹上，三隻金色鸚哥（*Guarouba guarouba*）正開始在母親的鼓勵下從巢中學飛……

　　這是電影《里約大冒險》（*Rio*）的開始。然而，這歡快的場景卻突然被偷獵者打斷，一群群鸚鵡被關入籠中，藍色小鸚鵡也在一片混亂中從洞巢中掉落，被偷獵者抓進籠子。這隻小鸚鵡的命運就此改變。

最後的小藍金剛鸚鵡

　　這隻藍色的小鸚鵡所屬的物種是小藍金剛鸚鵡（*Cyanopsitta spixii*，也叫斯皮克斯金剛鸚鵡，以發現該種鸚鵡的德國博物學家 Johann Baptist von Spix 命名），是一種極度瀕危的金剛鸚鵡。比起常見的紅綠金剛鸚鵡或者藍黃金剛鸚鵡，小藍金剛鸚鵡體形小不少，體長只有 55～57 公分。

　　由於棲息地的消失、人類的捕獵以及人類引入的非洲化蜜蜂（Africanized bee，1956 年巴西引進的西非蜜蜂逃逸後與歐洲蜜蜂雜交形成的雜種蜜蜂，攻擊性強，被稱為「殺人蜂」，這種蜜蜂有時和小藍金剛鸚鵡在同一棵樹上做巢，會攻擊並殺死小藍金剛鸚鵡）的影響，小藍金剛鸚鵡數量在 20 世紀 70 年代急劇下降。80 年代，人們開始擔心小藍金剛鸚鵡已經絕跡，在 1990 年的時候，科學家們只在野外找到了一隻雄性個體。

　　為了拯救這個物種，人們試著為這隻野外唯一的雄性小藍金剛鸚鵡找對象。最初與他配對的是一隻雌性藍翅金剛鸚鵡（*Propyrrhura maracana*），也許由於跨物種繁育難度太大，蛋裡的

小藍金剛鸚鵡（*Cyanopsitta spixii*），也叫斯皮克斯金剛鸚鵡。

胚胎還沒發育就死去了。科學家們又找到一隻人工飼養的雌性小藍金剛鸚鵡，希望能夠俘獲他的心。可沒過多久，這隻雌鳥就或許是因為撞上了高壓電線而不幸身亡了。從此，小藍金剛鸚鵡就成為世界上最瀕危的鳥類之一。

布魯去相親

電影中的小鸚鵡被動物販子賣到美國，無意中被一個小女孩撿到，並取名為布魯（Blu）。它和小女孩琳達一起生活了 15 年，成為一隻沒有學會飛但是每天都很開心的寵物鸚鵡。直到鳥類學家圖里奧（Túlio）從 6,000 英里外趕來，告訴他們，布魯是世界上最後一隻雄性小藍金剛鸚鵡，他希望布魯能去巴西「相親」，來拯救這個物種。

一到里約，布魯立刻感受到了當地鳥兒的熱情。還在去鳥類庇護所的路上，兩隻當地的小鳥，佩德羅（Pedro）和戴著啤酒瓶蓋子的尼科（Nico）就開始和這位美國來的藍色大鳥熱情攀談，當他們知道布魯是來相親的時候，更是鼓勵布魯要鼓起勇氣來。

劇中的佩德羅和尼科分別是冠蠟嘴鵐 [也叫紅冠蠟嘴鵐
（*Paroaria coronata*）] 和金絲雀（*Serinus canaria*）。冠蠟嘴鵐是
地道的南美本地的鳥兒，分佈非常廣泛。這種鳥英文名（Red-
crested Cardinal）直譯為紅冠主紅雀，大概是因為它們的頭部的
確像主紅雀（*Cardinalis spp.*），因此最早被分到了主紅雀屬所在
的美洲雀科下，之後又被移到鵐科，而近年來的研究則認為這種
鳥屬於裸鼻雀科，典型的南美鳥類。

而金絲雀原產北非西部海域的加納利群島，因此金絲雀的英
文名稱為 island canary（島金絲雀）。金絲雀被歐洲人發現並作
為籠養鳥帶到全世界，現在已經各處都可見到。這大概也是它會
出現在里約熱內盧的原因。金絲雀不僅顏色美麗，鳴聲也相當優
美，而在片中具有優美歌喉的尼科正體現了金絲雀的特點。

相親不成反陷入困境

在里約的鳥類庇護所，布魯在這裡見到了相親的對象——珠
兒（Jewel），雌性的小藍金剛鸚鵡。

和布魯不同，珠兒是一隻真正的野生小藍金剛鸚鵡。一見
面，兩隻鸚鵡便體現出了性格的不合：珠兒一直想著從這個人造
的環境中逃出去，而布魯卻認為這裡是非常好的籠子。

夜間，庇護所的一隻葵花鳳頭鸚鵡用乙醚麻醉了保安，
協助小偷偷走了布魯和珠兒。原來這隻葵花鳳頭鸚鵡——奈傑

（Nigel），是混入庇護所的臥底——裝作是從鳥販子那裡救來的虛弱的鳥，幫助鳥販子偷走珍稀的種類。

　　葵花鳳頭鸚鵡（*Cacatua galerita*）原產於澳大利亞和新幾內亞，作為寵物被帶到全世界各地，大概是最著名的鳳頭鸚鵡之一。事實上，葵花鳳頭鸚鵡的性格非常友好，並不似影片所描述的大反派。葵花鳳頭鸚鵡的適應能力很強，在新加坡等國家，一些逃逸的葵花鳳頭鸚鵡已經適應當地的自然環境生存下來，而在澳大利亞，也有一部分葵花鳳頭鸚鵡在城市中生存下來。在影片中，奈傑會在憤怒時將「葵花」狀的羽冠展開，這也是這種鸚鵡的特點。

　　故事繼續，布魯和珠兒被帶到鳥販子那裡，他們看到了非常恐怖的場景——數以百計的各種鳥被關在籠子裡，有的籠子甚至被塞得滿滿的，一些鳥兒已經失去了理智。布魯和珠兒第二天就要和這些鳥兒一起被賣走。失去布魯的琳達傷心欲絕，她和圖里奧瘋了一般在里約尋找布魯。而幫助鳥販子偷走布魯和珠兒的那位當地少年——費爾南

紅冠蠟嘴鵐（*Paroaria coronata*），地道的南美本地的鳥兒。

多（Fernando）——開始為自己傷害
了這兩隻鳥兒感到非常難過。

　　這個場景確實反映了野生鳥類
偷獵和販賣的現狀。在這個過程
中，大量的鳥兒會死去。一些資
料認為，最終只有 5%～10% 的鳥
兒能活著被消費者買走。另外，
在國際野生動物盜獵和走私的過程
中，野生動物販子常常雇傭熟悉環境
的當地人幫他們抓捕野鳥或者其他野生
動物，一些當地人會為了眼前利益不
惜犧牲當地的自然資源。他們得
到的報酬只是野生動物非法貿易
中非常小的一部分，而他們卻破
壞了自己的家園和世世代代相伴
的野生動物。

葵花鳳頭鸚鵡（*Cacatua galerita*），
其實性格很友好。

　　故事繼續：布魯利用自己的
知識逃出了籠子，和拴在一起的
珠兒逃離鳥販子的倉庫。正當珠兒要和布魯一起飛走的時候，她才
發現，這隻美國來的同類是不會飛的。這時，鳥販子和葵花鸚鵡奈
傑從後面追來了。布魯再次發揮在人類那裡學來的本領，和珠兒避
開了奈傑的追捕。而在第二天清早，兩隻鳥又受到一群小巨嘴鳥的
攻擊，幸虧這群小巨嘴鳥的父親拉斐爾（Rafeal）及時阻止。

拉斐爾是一隻鞭笞巨嘴鳥 [鞭笞鵎鵼（音ㄊㄨㄛˊ ㄎㄨㄥ Ramphastos toco）]，世上最有名的巨嘴鳥之一。巨嘴鳥是啄木鳥的近親，屬於鴷形目（Piciformes），他們全部分佈在中美洲和南美洲。鞭笞巨嘴鳥這看似巨大的喙實際上只有約 20 多克，輕似海綿卻非常堅硬。鳥類學家曾經認為這樣的大嘴是為了捕食魚類，而實際上，巨嘴鳥主要的食物是水果，偶爾會捕捉昆蟲和蜥蜴。最近的研究表明，它們的大嘴另一個作用是散熱。

另外，片中一個有趣的情節是，拉斐爾的妻子是另外一種巨嘴鳥——厚嘴巨嘴鳥（*Ramphastos sulfuratus*）。大部分的巨嘴鳥雌雄都是長得一個樣的。

故事還在繼續，拉斐爾要幫助布魯和珠兒擺脫將他們拴在一起的鏈子，於是帶他們去找自己的朋友路易茲（Luiz）。在路上，他們又再次碰到了佩德羅和尼科，以及一大群興高采烈去參加里約熱內盧狂歡節的鳥兒。葵花鸚鵡奈傑為了幫助鳥販子抓回兩隻珍稀的小藍金剛鸚鵡，去找了當地的猴子小偷集團。這些小猴子利用可愛活潑來騙取人類的關注，趁機偷盜。

這種小猴子是普通狨（*Callithrix jacchus*）。狨是南美的靈長類，他們大多體形很小，在影片中，他們體形比很多鳥兒都小。而實際上，普通狨成年的尺寸也不到 20 公分（不包括尾的長度）。這種新大陸的小猴子，既被當成寵物，也是常用的實驗動物。另外一點值得注意的是，這種狨猴原本主要分佈在巴西東北部，1929 年發現他們已經擴散到里約，成為當地的入侵物種，給當地很多鳥類

帶來威脅。在里約熱內盧，是禁止人們餵養這種猴子的。

　　故事終於到了尾聲，狨猴們迅速找到了兩隻鸚鵡，要將他們帶給奈傑，正當鳥兒們退卻之時，一隻粉紅琵鷺（*Ajaia ajaja*, 因嘴似琵琶而得名）站出來，帶領鳥兒們一起打敗了狨猴。

　　布魯和珠兒在拉斐爾、佩德羅和尼科的幫助下找到了路易茲，和他們想像中不同的是，路易茲是一隻鬥牛犬。雖然路易茲用車床切斷拴著布魯和珠兒的鏈子的計畫沒有成功，他的口水卻成了潤滑劑，讓布魯和珠兒都從鏈子的腳環中脫出來。

　　經過這場冒險，珠兒和布魯已經喜歡上了對方，珠兒要回到自然中去，而不會飛的布魯仍想著回到琳達身邊。兩隻鳥心裡依依惜別，嘴上卻很強硬。另一方面，奈傑也準備好了詭計要將他們再次抓給鳥販子。這對最瀕危的小藍金剛鸚鵡命運會如何，最終會不會走到一起呢？大家還是自己欣賞這部《里約大冒險》吧。

厚嘴巨嘴鳥
（*Ramphastos sulfuratus*）。

電影中出現的小Bug

（1）影片開始的布魯形象是一隻已經長齊藍色羽毛，只是體形很小的小藍金剛鸚鵡。實際上鸚鵡在雛鳥的時候幾乎沒有羽毛，隨著羽毛的生長，體形也會逐漸長大到和成鳥差不多。同一場景中的金色鸚哥也有同樣的問題。

（2）住在布魯的洞巢上面的金色鸚哥的巢是直接建在樹枝上的，而事實上，金色鸚哥也是在樹洞裡做巢的。

（3）電影中的鸚鵡的腳是前兩趾後一趾，實際上鸚鵡的腳是前二後二的對趾形足。

鸚鵡聰明又脆弱
Tatsuya

　　前面說到了名為布魯（Blu）的寵物鸚鵡——不，布魯強調自己是伴侶動物（companion animal），不是寵物。它待在籠子裡才舒服，不會飛，愛喝高熱量棉花糖巧克力，在屋裡玩著各種雜耍，甚至喜愛讀書看報……總之，它宅屬性和 geek（怪胎、技術宅、發燒友或怪傑）典型十足。不過，這一切在布魯被告知自己可能是世界上最後一隻雄性小藍金剛鸚鵡後發生了改變，它踏上了去里約相親的冒險之旅……

《里約大冒險》有真實的背景。布魯所屬的種類，小藍金剛鸚鵡，或者叫做斯皮克斯金剛鸚鵡，確實是世界上最瀕危的鸚鵡種類之一。電影中的情節，很可能來源於下面這個故事。

美國的鳥類學家瓊安娜 伯格（Joanna Burger）博士曾經在 2002 年出版的《我的鸚鵡老大》（*The Parrot Who Owns Me*）中講過一個故事：「科學家曾經發現被認為是全世界僅存的一隻野生小藍金剛鸚鵡，為了延續這個物種的血脈，他們為這隻雄鳥找了一隻不同種的女伴，希望他們能生下愛的結晶。結果是徒勞無功。之後好不容易找到了另一隻人工飼養的雌小藍金剛鸚鵡，將她帶到位於巴西東北部的巴西亞省雄鳥棲息地野放。科學家們期待她能擄獲雄鳥的心，順利產下後代，沒想到最後雌鳥竟然不知去向。」

大家可以去讀讀這篇文章。這裡要說的，是更多好玩而且需要愛護的鸚鵡。

鸚鵡可能在五千萬年前就已經出現在地球上。鳥類學家將鸚鵡所屬的類群命名為鸚形目（Psittaciformes）。現生的鸚鵡，根據物種資料庫網站 Species 2000 最新的記錄有 367 種，一般認為鸚形目分為鳳頭鸚鵡科（Cacatuidae）和鸚鵡科（Psittacidae），也有人將紐西蘭的啄羊鸚鵡（*Nestor spp.*）和鴞鸚鵡（*Strigops habroptilus*）列為單獨的一個科（Strigopidae）的。鸚鵡的體形最小的要數生活在新幾內亞低海拔雨林中的棕臉侏鸚鵡（*Micropsitta pusio*），這種嬌小的鸚鵡僅有約 8 公分長、10 克重，在其棲息地，雖然不難遇到他們，但因為其體形太小，經常是只聞其聲，不見其蹤；而生活在南美最大的紫藍金剛鸚鵡

（*Anodorhynchus hyacinthus*）體長可達 1 公尺，體重達 1.7 公斤，這種大型的鸚鵡在成年後，幾乎沒有人類以外的天敵。最重的鸚鵡是鴞鸚鵡，體重可達 4 公斤，這種圓圓胖胖的鸚鵡的翅膀和龍骨都已經不發達，是真正不會飛的鸚鵡，只能夠爬到樹上去。它們在夜間才活動，用出色的嗅覺尋找喜愛的果實和種子。

　　在影片的開始，我們可以看到各種鸚鵡在南美森林裡跳著優美的舞蹈。以巴西為代表的南美洲是鸚鵡種類最多樣的區域，僅巴西就分佈有約 70 種鸚鵡；其次是澳大利亞和太平洋諸島，其中澳大利亞是鳳頭鸚鵡的主要分佈區域。

典型的攀禽

　　鸚鵡的共同特點是它們都有強有力的彎曲的喙、強壯的腿和爪。鸚鵡的腳趾是兩前兩後的對趾型（鳥類一般每支腳四趾，第 2、3 趾向前，1、4 趾向後為對趾型足）。這些特徵都是它們作為典型的攀禽的特徵——非常善於攀爬。

　　影片中，不會飛的布魯無論在主人琳達家裡還是在與相親的雌鸚鵡珠兒逃跑的過程中，都表現出極高的攀爬技巧。用喙和腳一起，鸚鵡都擅長這樣的攀爬。前面提到的不會飛的鸚鵡，行動就主要靠攀爬，翅膀僅僅用於從樹上滑翔落地和跳求偶舞蹈的裝飾。

　　除了攀爬以外，鸚鵡的爪也特別善於抓握，影片中的主角和反派的鸚鵡都不時抓握起某種工具，或者用一隻爪握住食物送到

嘴邊，特別是反派的那隻葵花鳳頭鸚鵡奈傑（Nigel）抓著一根骨頭敲打籠子的場景令人印象深刻。一些鸚鵡會抓握一根羽毛給自己搔癢，也有家養的鸚鵡會學習使用勺子，最大的鳳頭鸚鵡之一的棕櫚鳳頭鸚鵡會抓握樹枝敲打樹幹宣示領地，吸引雌性，另外一些鳳頭鸚鵡會抓握一些石子或樹枝拋擲出去驅趕捕食者。對澳大利亞鸚鵡種類的一項研究表明，鸚鵡在使用爪子抓握食物的時候，也會有「左撇子」、「右撇子」，成年的鸚鵡總是偏好使用一直習慣使用的一隻。

絕大多數的鸚鵡是樹棲型的，大多也在樹上做巢，而強有力的喙也是它們做巢的有力工具。在自然界中，除了啄木鳥，就屬鸚鵡最善於在樹上製作洞巢。這可以舉一個例子，一本關於鸚鵡的書《鸚鵡查理》中記述了生活在香港的一位外國記者飼養的葵花鳳頭鸚鵡，這隻鸚鵡將作者庭院中的一棵蘋果樹掏成一棟「別墅」：包括至少四個大「房間」和大約二十個「小房間」，三個出口和好幾扇「窗戶」，最終這棵樹不堪如此龐大的工程，在「一個狂風大作的寒冬的早上崩塌了」。

聰明長壽的鳥兒

在影片中，布魯早上會學著鬧鐘的叫聲喚醒主人，在逃跑過程中，也會學狗的叫聲嚇走街貓。模仿別的聲音的行為，在很多種鳥類中都有發現，而鸚鵡的發音能力和模仿能力則最

為人所知。瓊安娜 伯格博士在書中提到非洲灰鸚鵡（*Psittacus erithacus*）能發出近 200 種不同的聲音。其中 23% 左右的聲音，是來自於模仿其他 9 種鳥類和一種蝙蝠的叫聲。

另一位美國鳥類學家愛琳‧佩珀伯格（Irene Pepperberg）博士曾經通過研究鸚鵡模仿人類的語言來探索動物是否和人類一樣有意識。她所研究的一隻非洲灰鸚鵡亞歷克斯（Alex）能夠說出超過 80 種不同的物體、7 種不同的顏色及 5 種形狀的單詞，並能清楚地用所學的單詞組成有意義的短語，來表達自己的想法。如果它想要一塊綠色的積木，它就會說出來「綠色的積木」。因此，佩珀伯格博士相信鸚鵡模仿能力並不僅僅是簡單的模仿，而是可以瞭解所模仿的一些聲音的含義，甚至認為鸚鵡的智慧不亞於海豚和黑猩猩。

在她記述亞歷克斯的書 *Alex and me* 中記錄了一個故事，亞歷克斯在學會了櫻桃（cherry）和香蕉（banana）後，總是沒有學會蘋果（apple），而是自己造了一個詞「ban-erry」用來表達蘋果的含義。佩珀伯格博士猜測可能 Alex 覺得蘋果外觀像櫻桃，而口味像香蕉吧。

在影片中，布魯非常善於利用自己的智慧逃脫，甚至掌握很多物理學原理。雖然現實中的鸚鵡不懂物理學原理，但它們卻也是善於學習的鳥類。鸚鵡和很多智慧的動物有一個共同特點就是會和父母生活數年之久，在這數年中盡可能學習父母的生活技能。這也是影片中年幼的布魯被琳達收養 15 年後學到了很多人類生活習慣的原因。

　　而這裡也體現了鸚鵡的另一個特點——長壽。數量最多、最常見的小型鸚鵡——虎皮鸚鵡也可以在人工飼養的條件下活到 10 年以上；而大型的金剛鸚鵡在人工飼養的條件下壽命可達 100 年，據說邱吉爾飼養的琉璃金剛鸚鵡（*Ara ararauna*）「查理」的壽命已經超過了 100 歲，而在這樣長的生命中，鸚鵡具有非常好的記憶力也是其生存所需。布魯在一群鳥包圍著的森巴舞蹈中，也喚起了自己幼年的記憶，跳起熱情的舞蹈。

殘忍的寵物貿易

　　正因為有聰明、長壽的特點，鸚鵡成為人們需求量巨大的寵物。在影片的開始，我們就看到在雨林中各種美麗的鳥兒的舞蹈被偷獵者打斷，大批的鳥兒被抓住，在這個過程中不小心掉出巢的布魯就被偷獵者抓走，走私到明尼蘇達州，被好心的琳達收養。而他踏上里約的相親之旅後，再次被鳥販子偷走，開始驚險的旅程……

　　現實中對鸚鵡的偷獵比影片中展示的還要殘酷和殘忍得多，偷獵者不僅捕捉成年鸚鵡，更喜歡捕捉可以很容易被人馴化的小鸚鵡。因為很多鸚鵡的洞巢都在高大的樹木上，偷獵者甚至不惜將樹砍倒，即使這一窩小鳥只能有一隻存活。每一年，全世界合法交易的鸚鵡就可以達到100萬隻，而不為人知的走私更加嚴重。驅動這些的是巨大的利益，紫藍金剛鸚鵡之前可以賣到 3 萬

美元，而中國西南地區和海南有分佈的緋胸鸚鵡運到北京，價格可以翻 10 倍。對於偷獵者來說，幾隻鸚鵡帶來的收益比他們辛苦耕種一年的收入還多。正是人們將這些聰明的鳥兒變為自己的寵物或者為了收集珍稀鳥類的貪欲，對鸚鵡造成了巨大威脅。

　　鸚形目所有種，除了人工馴養的桃臉牡丹鸚鵡、虎皮鸚鵡、雞尾鸚鵡和紅領綠鸚鵡外，都受《瀕危野生動物植物種國際貿易公約》（CITES）保護。其中列入該公約附錄 I，嚴禁國際商業貿易的鸚鵡有近 60 種，幾乎囊括了所有的大型鸚鵡。

　　實際上，已經人工馴養的虎皮鸚鵡和雞尾鸚鵡，也非常聰明可愛。自1890年澳大利亞停止出口野生的虎皮鸚鵡（*Melopsittacus undulatus*）之後，它們已經被人工繁育一百多年，培養出多個顏色品種，成為全世界飼養最普遍的合法寵物鳥，一隻叫 Puck 的虎皮鸚鵡創下鳥類模仿人說話的單詞數量之最——1,728 個。

　　如果你真的喜歡鸚鵡並想養一隻做伴，不需要購買珍稀的野生鸚鵡，一隻像 Puck 這樣的小鸚鵡足以帶給你很多的樂趣。

鸚鵡的未來？

　　鸚鵡不僅面臨被非法捕捉，棲息地的破壞和消失也是對很多種類鸚鵡的巨大威脅。鸚鵡種類最多的南美熱帶雨林已經受到嚴重的破壞。此外，鸚鵡還面臨外來入侵種的威脅。在紐西蘭，除

蝙蝠外原本沒有任何陸生哺乳動物，正是這樣的環境，演化出鸚鵡這樣不會飛的鸚鵡，而人類引入的袋貂和貂類（原本為了控制兔子而引入），還有貓等外來物種對當地物種大肆捕獵，曾導致鴞鸚鵡數量下降至 50 多隻。即使經過人們對鴞鸚鵡的大力保護工作，目前鴞鸚鵡也僅有不到 200 隻。

《里約大冒險》的結局是美好的，布魯和珠兒最終相愛，並在保護地中繁衍後代。但現實並不如此，目前野生小藍金剛鸚鵡可能已經滅絕，僅有一塊棲息地未徹底調查。目前人工飼養的小藍金剛鸚鵡約有 100 隻，其中約 80 隻在巴西政府的育種和恢復專案中。它們是這個物種最後的希望。

最後，我們希望觀看這部影片的朋友，不要因為片中鸚鵡的可愛而去購買不合法的鸚鵡或其他鳥類作為寵物。如果你已經有一隻寵物鸚鵡，請善待它，鸚鵡比貓或狗更需要主人的關心和照顧，並且你的鸚鵡可能會伴你一生。鸚鵡是集智慧、美麗於一身的鳥兒，是數千萬年偉大自然演化的神奇造物，不要讓它們因為人類而在地球上消失。

哈利·波特的寵物
你養不起 heyyeti

　　在《哈利·波特》系列作品裡，貓頭鷹是響噹噹的名角兒，聰慧、善記憶、飛行本領高超，它是當之無愧的信使。現實生活中，貓頭鷹指的是鳥類中鴞（ㄒㄧㄠ）形目這一肉食性鳥類，它們多屬於夜行性猛禽。如果現實中的麻瓜想拿它當寵物，它可能會發脾氣，跟你嗆：別跟我玩真的！

　　在筆下的魔幻世界裡，有很多神奇的生物。其中，亮相最多的就數各種各樣充當信使的貓頭鷹了。

信使貓頭鷹，魔幻世界的名角

　　在 J. K. 羅琳筆下，巫師的寵物一定程度上都體現了主人的個性，而貓頭鷹除了充當寵物，更重要的功能在於為魔法師傳遞郵件，所以每隻貓頭鷹的種類、個性氣質也因主人的特點而不同。

　　哈利・波特的信使海德薇（Hedwig）是一隻高貴的雪鴞（*Bubosdiacus, 學名：Bubo scandiacus*），渾身雪白，善解人意，會乖巧地低下頭接受主人的愛撫，還會瞪著大眼睛表示驚慌失措；羅恩家的貓頭鷹信使埃羅爾（Errol）則是一隻老糊塗的烏林鴞（*Strix nebulosa*），總是冒冒失失地撞上窗玻璃或天花板；還有馬爾福家養的雕鴞（*Bubo bubo*），高大威猛，渾身上下透著貴氣和威風；而僅僅出現在原著中的迷你貓頭鷹，小天狼星送給羅恩的小豬（Pigwidgeon），根據官方海報來看，是隻個性迷糊、容易興奮的北方白臉角鴞（*Ptilopsis leucotis*）。

　　在哈利・波特的故事裡，貓頭鷹具有躲避魔法跟蹤的本領，飛行能力很強，非常聰明，並且善於記憶咒語，所以作為巫師的信使最合適不過了。自中世紀以來，歐洲神話中常有關於貓頭鷹的描寫，而且大多與巫師關係密切。恐怕正是真實世界中貓頭鷹的獨特之處，給這類猛禽蒙上了神秘莫測的面紗，讓它們成為魔幻世界裡的寵兒。貓頭鷹的雙目大而朝前，豎直站立，看上去具有與人類無異的智慧；以鼠為食，飛行無聲，行動神出鬼沒；捕殺獵物時迅猛準確，具有兇悍的喙和爪，在夜間活動自如；喜歡鳴叫，叫聲多樣，有些聽起來如同悲泣，讓人坐立不安。

寵物貓頭鷹，傷不起的猛禽

　　自第一部哈利 波特影片上映之後，很多「麻瓜」觀眾就期望像劇中的巫師們一樣，擁有一隻自己的貓頭鷹信使。不過，這也惹出了不少麻煩。

　　2010 年，印度環境部部長 Jairam Ramesh 抗議哈利‧波特系列作品的推出，使得貓頭鷹變成非常流行的寵物，從而加劇了野生貓頭鷹的非法貿易，嚴重威脅了印度貓頭鷹的生存。針對這類指控，羅琳不得不專門回應，如果有人從她的作品中得出，貓頭鷹會很喜歡待在籠子裡或關在屋子裡，那麼她想以最強烈的語氣說聲「請不要！」。

　　事實上，現實世界裡的貓頭鷹並非像電影中表現的那樣善解人意。作為一種行為高度特化，適應夜行性捕食生活的猛禽，貓頭鷹的智力並不是很發達。電影裡的動物馴養師 Gary Gero 就反映，參與拍攝的貓頭鷹並不是很通靈性。一個簡單的鏡頭拍攝，就需要數百次的 NG，也需要多個替身同時參與完成，比如在拍攝《哈

烏林鴞（*Strix nebulosa*）。

利‧波特與魔法石》中海德薇的鏡頭時，就出動了 7 隻雪鴞。

作為猛禽，貓頭鷹還具有極強的攻擊性，而非像電影中描述的那樣乖巧可愛。它們的爪很鋒利，喙也幾乎無堅不摧，抓捕獵物時經常是一擊必斃，在自己巢區範圍內幾乎所向無敵。在歐洲，還有長尾林鴞攻擊闖入巢區的家牛導致家牛受傷的報導。如果想像哈利那樣愛撫貓頭鷹，被它隨口一叼就能讓你的雙手鮮血淋淋，更別說它那鋒利的雙爪了。

為貓頭鷹尋找合適的食物也是麻煩事。有些貓頭鷹只吃帶毛的老鼠，有些卻只能吃下小昆蟲。在野外環境中，貓頭鷹幼鳥由雙親將食物叼碎，口對口相喂。而在人工飼養的環境下，一來難以確定食物是否符合貓頭鷹的口味，二來很難安全地把食物送到貓頭鷹的嘴邊。更常見的是，精心處理的食物送到貓頭鷹嘴邊，它們會不聞不問，幾天後就可能脫水死亡。

貓頭鷹夜間活動頻繁，喜歡鳴叫，尤其是在發情期。若養貓頭鷹作寵物，那麼就要忍受它們在整個發情期夜間頻繁地鳴叫。聽上去毛骨悚然不說，而且這種叫聲傳播極遠，不擾鄰幾乎是不可能的。

雪鴞（*Bubo scandiacus*）。

　　另外，在中國，所有貓頭鷹都屬於國家二級保護動物，購買和飼養都是違法的。在國際上，有多個貓頭鷹物種被列入世界自然保護聯盟（IUCN）紅色名錄和《瀕危野生動植物種國際貿易公約》附錄，非法抓捕、販賣和交易都將受到制裁。

貓頭鷹，那麼近，那麼遠

　　現實生活中，我們可以去動物園近距離地觀察貓頭鷹。運氣好的話，也可能在野外發現它們的蹤跡。但在白天，我們可以根據下面一些線索來尋找貓頭鷹：貓頭鷹即使安靜地站在樹上，也容易被烏鴉之類的鳥類圍住群攻，如果你發現有一群鳥嘰嘰喳喳地圍著某個枝頭喧鬧，那麼就要注意了；在某些斷木樁周圍地上或者貓頭鷹巢下，或許能發現食丸；黃昏時分，很容易在貓頭鷹巢區聽到的貓頭鷹的鳴叫聲等。但是要切記，貓頭鷹在巢區範圍內攻擊性極強，尤其是由於它們飛行時幾乎沒有聲音，這種攻擊對於入侵者來說，有的時候甚至是致命的！

　　如果在野外遇到還不能飛的小貓頭鷹，千萬不要貿然試圖把它帶回家。因為此時，它的爸爸媽媽肯定藏匿在某個角落，貿然接近幼鳥可能會導致親鳥對你進行攻擊。你要做的就是，儘快離開幼鳥所在地，讓幼鳥能安心聽到親鳥的呼喚，開始它離巢後的學飛之旅。如果幼鳥被帶回家，失去父母，失去最寶貴的學飛機會，它很可能會不進食、不喝水，最後死於饑餓或者脫水。

　　如果發現了受傷非常嚴重的貓頭鷹（只要它還能飛離你，那說明它還不需要你的幫助），儘快與所在地的林業部門、環保部門、動物園（多數動物園都配有專業獸醫）等聯繫，或者是聯絡類似動保組織、鳥會等的專業野生動物救護中心。然後找一個盡可能大的紙箱（金屬鳥籠會讓掙扎的猛禽傷上加傷），戴上足夠厚的帆布手套，小心地移動受傷的貓頭鷹，將它送到救護點（途中注意給它補充水分），或者是靜靜在原地等待救助。

　　可見，在麻瓜世界裡，貓頭鷹既不能為巫師們送信，也不會乖乖地任人類愛撫，更沒有魔法逃脫偷獵者的追蹤。它們僅僅是脆弱、獨特而值得尊重的生命，在這個缺少魔法的世界裡靜靜地繁衍生息。

倉鴞是片中出鏡不多的桃心臉貓頭鷹，也是在中國分佈的 23 種貓頭鷹之一。實際上，《哈利‧波特》電影中大部分出鏡的貓頭鷹在中國都有分佈。

提升嗅覺，成為
哈利·波特般的蛇語者　famorby

「嘶～哈～」斯萊特林、伏地魔、哈利·波特……能和蛇對話的人好厲害喔！但是動物學家告訴我們，蛇語者就算能和蛇交流，也不是嘴裡發出嘶嘶的聲音就能辦到的，得有非人類的嗅覺才行。

在哈利·波特第二部《消失的密室》裡，小哈利曾用蛇語命令蛇走開。伏地魔和哈利都是能與蛇對話的「蛇語者」；《聖經》中伊甸園的蛇引誘夏娃吃下禁果；《聊齋誌異·蛇人》中有能聽懂人話、能識主人的蛇大青、二青和小青；還有印度的馴蛇人能讓蛇隨著音樂跳舞。

蛇真的能藉由聲音和人類溝通嗎？

你說話，蛇聽不見

　　事實上，蛇的聽覺很遲鈍。蛇只有內耳（包括聽覺器——聽壺、球狀囊和平衡器——半規管、橢圓囊）和中耳的耳柱骨，而沒有耳孔、鼓膜、鼓室和耳咽管，所以蛇不能接受空氣傳導來的聲波。但是對於從地面傳來的震動，蛇卻很敏感，因為蛇的耳柱骨與下頜部位的骨頭相連，地面稍有震動就能經由耳柱骨傳遞到內耳。所以在荒野草地行走時，用棍棒敲打地面或故意加重腳步行走，就能把蛇嚇走，也就是為什麼會「打草驚蛇」。

蛇說話，你聽不懂

　　蛇的聲帶已經退化，蛇「嘶～嘶～」的「叫聲」其實是氣流通過氣管時發出的聲音。由於蛇沒有聲帶，能發出來的聲音無論在音量還是音調方面都是很有限的，加之蛇又無法接收空氣傳導的聲波，所以它們根本不能用聲音相互溝通。

　　蛇主要通過氣味來識別周圍的環境和其他個體。在蛇的口腔上壁有一個特殊的結構「犁鼻器（Jacobson's organ）」，是蛇的嗅覺器官，是一個位於鼻腔前下部的空腔狀結構，開口於上顎。蛇不斷伸縮細長分叉的舌頭，空氣中的化學物質或氣味信號分子被黏附在舌頭上，又被帶入口腔中，進入犁鼻器，然後與犁鼻器

相連的神經會向大腦傳達接收到的資訊，進而瞭解外界情況。相關實驗研究顯示，如果剪去蛇的舌尖分叉，它就會失去跟蹤氣味痕跡的能力；如果堵住蛇口中通往犁鼻器的孔道，這條可憐的蛇便喪失了辨別能力，只能亂走。除了蛇，蜥蜴和許多哺乳動物都有犁鼻器。

犁鼻器在兩棲類中最先出現，在爬蟲類中最為發達，但鱷的犁鼻器已經退化，龜鱉類的犁鼻器只突入鼻腔，並不像蜥蜴那樣通入口腔。鳥類的犁鼻器已退化。哺乳類在胚胎期有犁鼻器，在成體中大多數退化，但在單孔類、有袋類、食蟲類、齧齒類、兔形類及有蹄類的成體中仍存在。在人類的胎兒和新生兒中，很明顯有犁鼻器結構。新生兒似乎也和其他哺乳動物的後代一樣，能通過母親乳頭散發的外激素尋找乳房。但是隨著嬰兒的成長，犁鼻器逐漸退化。多數成年人不具有犁鼻器結構，少數犁鼻器尚保留，但也是高度退化的。人類犁鼻器由兩個很小的器官構成，位置在鼻腔的深部，有些人的犁鼻器開口可用肉眼看見，但多數人要用放大鏡才看得見。

科學家剔除了雌性實驗小鼠體內的影響犁鼻器感應功能的TRPC2 基因，導致這些小鼠的犁鼻器發育不全。改變基因後的雌鼠行為有雄性化趨勢。它們嗅尋、追逐其他雌鼠，扭動屁股，喜歡擠入雄鼠群，還發出雄鼠求愛時的尖叫。不過，變異雌鼠行為並非完全「男性化」，它們仍以雌性方式與雄鼠交配，而且與普通雄鼠不同，它們不攻擊雄鼠。一旦這些變異雌鼠產下幼崽，它們隨即又變得像「不負責任」的雄鼠。普通雌鼠產崽後一般

花80%的時間留在窩中照顧幼鼠，並拒絕與雄鼠親熱。但變異雌鼠在幼鼠出生約 2 天後就會離開巢穴，拋棄所有幼鼠，而且容易「另尋新歡」。為了驗證是否 TRPC2 的缺失導致了這種情況，研究人員將一群成年雌性小鼠的犁鼻器全部移除。結果發現，同樣的現象再次發生，這些雌鼠像變異雌鼠一樣，變得行為異常。

除了依靠嗅覺，還有一部分蛇如尖吻蝮等，具有一種特別靈敏的熱感受器官「頰窩（pit organ）」。頰窩位於蛇的鼻孔兩側和眼之間，一般深約 5 公釐，樣子像隻漏斗，開口斜向前方，比鼻孔凹陷略大，有一層薄膜將它分為裡外兩部分，薄膜上佈滿神經末梢，對熱源有非常敏銳的感受，能辨別極微小的溫差變化，並且能準確地判定方位，即便是在夜間也能做出像白天一樣的準確攻擊。頰窩不僅有助於蛇類覓食和躲避天敵，在雄蛇求偶時亦起著重要作用。

由此可見，氣味和溫度才是蛇類用於互相溝通的「語言」，而對這兩種感覺都不靈敏的人類，註定是無法與蛇對話了。

蛇語者，不過是個傳說

看似神秘的馴蛇人其實並沒有掌握與蛇對話的本領，他們只是在一代又一代的摸索中瞭解了蛇的習性。

馴蛇人表演時，會用腳在地上輕拍、用木棒在蛇筐上敲打，蛇感覺到這些震動後，就會從蛇筐裡搖搖擺擺地探出頭來，尋找

出擊的目標。而蛇之所以要左右搖擺是為了保持其上身能立在空中，這是它們的本能，一旦停止這種擺動，它就不得不癱倒在地了。所以蛇的舞動其實跟馴蛇人吹奏的音樂無關，吹奏樂曲只是為了迷惑觀眾而已。

同時蛇又是一種生性膽小的動物，一般不會主動攻擊人，而是會迅速逃跑，只有當人過度接近甚至踩到它時，蛇才會出於自我保護而咬人。所以馴蛇人在表演時動作一般比較輕柔，只要不刺激蛇，蛇往往是不會進攻的。同時，由於蛇對氣味非常敏感，馴蛇人往往通過食用特殊的草藥或在身上塗抹藥物來防蛇咬。當然，很多用於表演的蛇其實是無毒蛇或拔除毒牙的毒蛇。

所以，想成為哈利・波特般的蛇語者？對不起，任何模仿哈利發出「嘶嘶」聲與蛇交流的努力，都只會讓蛇看你的笑話……

沙丁魚大遷徙
linki

　　大地和海洋，有不一樣的生命故事，卻一樣動人心魄。在東非大裂谷西部的塞倫蓋蒂大草原，有陸地上最大規模的哺乳動物大遷徙，近 200 萬頭食草動物越過平原，跨過河流，大地在它們的腳步聲中震顫；而在靠近非洲大陸南端的大海中，每年 5 月到 7 月，數以百萬計的沙丁魚群結成密集而龐大的陣形，沿著海岸義無反顧地向北進發，雖遭到無數獵食者的圍追堵截仍矢志不渝，這場旅行充滿了力量和殺戮，絲毫不遜色於狂野的非洲草原的震動。紀錄片《海洋》裡就近距離地呈現了這麼一場史詩般的大遷徙。

勇敢的沙丁魚，悲壯的沙丁魚

　　沙丁魚（sardine 或 pilchard）是鯡科魚類中某些食用種類的統稱，主要指沙丁魚屬（*Sardina*）、擬沙丁魚屬（*Sardinops*）和小沙丁魚屬（*Sardinella*）的種類，也常用來泛指能做成罐頭的大西洋鯡（Clupea harengus）及一些外形類似的小型魚類。沙丁魚喜歡在上層海水中成群結隊地活動，這是它們面對捕食者時的自我保護機制，這裡要說的沙丁魚盛宴中的主角——南非擬沙丁魚（*Sardinops sagax*）更是將這種策略發揮到了極致。

　　但是這麼巨大的一塊誘餌堂而皇之地路過，各方豪強豈有不取的道理？讓我們把鏡頭拉近，看一看捕食者們在沙丁魚遷徙途中的饕餮盛宴吧。

　　首先是海豚們，主要是長吻真海豚（*Delphinus capensis*），也有部分寬吻海豚（*Tursiops aduncus*），其總數大約18,000頭。它們結隊而行，從下方將沙丁魚群驅趕上海面，再利用氣泡將魚群分割包圍成一個個的「餌球」（bait ball）。這些餌球直徑10～20公尺，厚度約 10 公尺，持續時間不會超過 10 分鐘。餌球一旦形成，其他捕食者也紛紛加入這場盛宴。鯨豚類的代表還有虎鯨（*Orcinus orca*）和布氏鯨（*Balaenoptera edini*），後者常常在魚群密集處張開一張大嘴，將沙丁魚連同海水一同吞下，海水泡沫飛濺，有種「驚濤拍岸，卷起千堆雪」的磅　氣勢。

　　鯊魚團隊的成員陣容也很強大，短尾真鯊（*Carcharhinus brachyurus*）、灰色真鯊（*Carcharhinus obscurus*）、沙虎鯊

（*Carcharias taurus*）、黑邊鰭真鯊（*Carcharhinus limbatus*）、薔薇真鯊（*Carcharhinus brevipinna*）、公牛鯊（*Carcharhinus leucas*）、錘頭雙髻鯊（*Sphyrna zygaena*）等不顧路程遙遠，紛至逤來。對它們來說，只要在餌球裡面穿梭幾次，就能吃得很盡興了。《海洋》畫面中拍攝到的，就是黑邊鰭真鯊。另外，一些遊釣魚（game fish, 釣魚運動愛好者的目標）如大西洋馬鮫（*Scomberomorus cavalla*）、巴鰹（*Euthynnus affinis*）、扁鰺（音ㄙㄥ, Pomatomus saltatrix）等也會出現在捕食者的行列中，但聲勢就小很多。

說到聲勢，海鳥們絕對是主角中的主角。沙丁魚群除了要應付海水中的威脅，還要提防來自天空的襲擊，真是名副其實的「腹背受敵」。成千上萬的南非鰹鳥（*Morus capensis*）跟隨沙丁魚群遷徙的路線，從空中它們可以很清楚地看到魚群形成的一條條黑帶，在距海面十多公尺處盤旋之後，就是俯衝表演的時間。滑翔，收翅，以 40～120 公里的時速俯衝入海，在水下形成一條白色的氣泡柱。空中鳥聲不斷，水裡魚鳥同遊，海面上不斷傳來呼嘯入水的「噗噗」聲，生命的活力和狂野在這一刻展現無遺。除了南非鰹鳥，其他海鳥如黑眉信天翁（*Thalassarche melanophrys*）、黑腳企鵝 [又叫非洲企鵝（*Spheniscus demersus*）] 還有燕鷗、鸕鷀等也紛紛奔赴盛宴。

面對似乎取之不盡的沙丁魚，曾經的天敵和對手結成了同盟。

當海豚、鯨魚、鯊魚和海鳥們飽餐一頓之後，還餘下大量的沙丁魚，它們繼續向前遷徙。就如《海洋》裡所說，生命還會繼續。

遷徙意味著什麼？

「如果你不是一尾沙丁魚，你怎能知道這樣的遷徙意味著什麼？」

厄加勒斯角（Cape Agulhas）是非洲大陸的最南端，被國際海道測量組織定義為印度洋和大西洋的分界點。每年 5 月到 7 月，大波的（總數可以數十億計）南非擬沙丁魚就從厄加勒斯淺灘（Agulhas Bank）出發，沿著南非東岸向北遷徙，目的地是德班——南非第三大城市，位於夸祖魯－納塔爾省（KwaZulu-Natal，簡稱 KZN）——北部的海域，路線長度超過 1,000 公里。

到底為什麼南非擬沙丁魚會進行如此艱苦漫長的遷徙之旅呢？有人說是因為海水溫度的變化。南非擬沙丁魚喜歡生活在攝氏 14～20 度的海水中，冬天——雖然是六、七月份，但這是在南半球——南非東海岸的表層水溫降低，使其可以將生活區域向北擴展。通常是在一股低溫的海流在厄加勒斯淺灘出現，並開始向北流動的時候，沙丁魚的遷徙才會發生。因為這一帶的大陸架狹長，表層低溫海流的寬度也很窄，地少魚多，使沙丁魚群的聚集顯得格外惹眼。魚群緊密成團，其長度可達 7 公里以上，寬度可達 1.5 公里，厚度可達 30 公尺，簡直就是一塊巨大的「肉團」，可以在海面上空清楚地看到。

事實上，目前人類對南非擬沙丁魚遷徙的機制還未完全瞭解。關於其產卵地，過去有研究稱位於厄加勒斯淺灘，沙丁魚在此產卵之後，便追隨富含浮游生物的低溫海流向北遷徙。

近期的研究則認為，它們的產卵地其實是在北方靠近德班的海域。南非擬沙丁魚其實與南極的帝企鵝或北美的大麻哈魚一樣，在遷徙問題上都遵循著那個古老的信念：一切為了種族的延續。繁殖的本能使它們不計大規模傷亡的代價，頑強地回到產卵地。多年來南非擬沙丁魚的數量一直保持相對平衡，證明這一「回家」的遷徙策略是成功的。在較遠的北方，即厄加勒斯海流的上游處產卵，能保證魚卵更好地孵化，稚魚也得以在到達厄加勒斯淺灘之前有充分的時間進行發育。

那麼，南非擬沙丁魚當初為什麼又會選擇到北方路途遙遠、環境惡劣的地方產卵呢？科學家給出了兩種假說。

假說一認為這是歷史遺留，可以追溯到上一個冰期。那時候沙丁魚生活在北方夸祖魯－納塔爾省附近的海域，後來冰川衰退，喜歡低溫的沙丁魚只能向南遷徙，然而到了每年的繁殖季節，它們仍然會回到最初生活的地方產卵。

假說二更注重偶然因素的作用，認為在某一個特定的時刻，一群沙丁魚因為迷路或者海況的原因，陰差陽錯來到了北部這片海域，結果在種群繁殖上獲得了空前的成功。之後，這群沙丁魚的後代不斷重複著這條遷徙路線，沙丁魚群也不斷壯大，最後形成了讓人歎為觀止的群體遷徙奇觀。

相信許多人看到《海洋》裡堪稱壯美的畫面時，都會有衝到南非去感受一番的衝動。感謝雅克‧貝漢和《海洋》，讓我們能在銀幕上欣賞到這一場視覺盛宴——對海豚鯊魚海鳥們來說這是實實在在的「盛宴」。希望人類能好好呵護這美麗而又脆弱的海

洋，讓這樣的奇觀永遠不會消失。

注：擬沙丁魚屬的種類廣泛分佈於從非洲南部到東太平洋的印度－太平洋區，根據分佈海域
　　不同有時分為 5 個種，但更多的是認為都屬於同一個種（即 *Sardinops sagax*）。目前，
　　通過分子生物學分析手段可以確定其存在 3 個家系：南非擬沙丁魚（*ocellatus*）和澳洲
　　擬沙丁魚（*neopilchardus*）；南美擬沙丁魚（*sagax*）和加州擬沙丁魚（*caeruleus*）；
　　遠東擬沙丁魚（*melanostictus*）。

黑猩猩傳奇
瘦駝

　　作為野生動物紀錄片發燒友，電影《猩球崛起》的第一個鏡頭就讓我激動起來了。因為銀幕上那支在幽暗的雨林地面沉默前行的黑猩猩隊伍，曾經真實存在於我們這個星球上。事實上，那是 2007 年 BBC 的年度自然紀錄片大製作——《地球的脈動》（*Planet Earth*）第八集中的一個鏡頭。在現實生活中，這些居住在烏干達叢林中的雄性黑猩猩並沒有遭遇盜獵者，而是繼續前進。它們表現得像一支真正的軍隊，悄悄潛行，分頭包抄，趁對方不備突然襲擊，偷襲了臨近的一群黑猩猩，為的是佔領對方的領地。

凱撒是誰？黑猩猩的世界

　　即便是在動物園或者馬戲場看到黑猩猩，相信很多人心裡都會產生一種詭異的親切感，因為它們太像人類了。在動物分類學體系中，人類所處的位置是哺乳綱靈長目人科人屬，在這個地球上，與我們親緣關係最近的幾種動物是人科的其他幾種猩猩：紅毛猩猩，即片中會打手語的那個馬戲團長毛大臉，它的祖先與人類的祖先在大約 1,400 萬年前分家；大猩猩，即凱撒的保鏢——片中被鎖在籠子裡的那隻龐然大物，它的祖先與人類的祖先在約 730 萬年前分家；黑猩猩，也就是本片的主角，它們與我們擁有一個 540 萬年前的共同祖先。近幾十年，科學家又確認了一種新的猩猩——倭黑猩猩，它與黑猩猩有不少區別，但在《猩球崛起》這部電影中沒有出場。

　　540 萬年，似乎是一個非常漫長的時間，但是與動輒數億年的地球歷史和生物進化史相比，這只不過是一瞬間的事。這 540 萬年分道揚鑣的結果是我們與黑猩猩基因組層面的差異只有大約 3%。

　　1960 年，年輕的英國姑娘珍·古德（Jane Goodall）來到坦桑尼亞開始了對黑猩猩的野外研究。隨後的幾十年裡，她不斷帶給世人關於這種動物的驚人發現，比如，她發現黑猩猩會使用和製作大量工具。而在之前，使用和製造工具曾經被認為是人類區別於其他動物的特徵。

　　在現實世界裡，黑猩猩個頭並不大，站立起來的時候身高只有 1～1.7 公尺，體重 45～80 公斤。所以影片中的凱撒和它的同

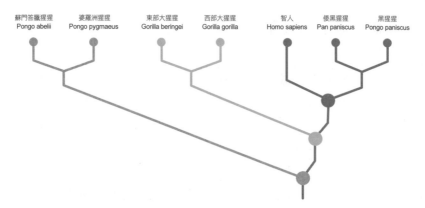

蘇門答臘猩猩	婆羅洲猩猩	東部大猩猩	西部大猩猩	智人	倭黑猩猩	黑猩猩
Pongo abelii	Pongo pygmaeus	Gorilla beringei	Gorilla gorilla	Homo sapiens	Pan paniscus	Pongo paniscus

在目前的人科物種樹上，紅毛猩猩是婆羅洲猩猩和蘇門達臘猩猩兩個物種的合稱，大猩猩屬則包括西部大猩猩和東部大猩猩兩個種。

伴們實際上是被放大了。這是一種高度社會化的動物，它們的群落是多夫多妻的父系社會，群落首領一般是一隻成年雄性。在黑猩猩的社會裡，等級非常嚴格，比如，低等級的雄性會採取一種「屈服式的問候行為」來表達對高等級個體的敬意，相信看過影片的你對那一幕一定會記憶猶新。這是美國著名靈長類學家德瓦爾（De Waal）的發現。

德瓦爾還有一個更著名的發現，就是一隻瘦弱的黑猩猩如何借助工具迅速翻身奪位的故事。1982 年，德瓦爾觀察到一隻被稱為麥克的雄性黑猩猩，在群體裡地位十分低下，經常被其他個體追打，甚至因此被抓成了禿頂。有一天，它在德瓦爾的宿營地發現了一隻空鐵桶，正巧此時有別的黑猩猩欺負它，它抓起鐵桶回擊過去。雖然並沒有砸中對方，鐵桶摔在地上發出的聲響卻把它

和對手都嚇了一跳。從此，麥克就擁有了這只空鐵桶，不時在其他黑猩猩周圍弄出點動靜嚇唬人。自那之後，麥克的地位可謂扶搖直上，在隨後的七年時間裡穩居群體裡的第三把交椅。

這只著名的空鐵桶，也出現在了這部影片中。

暴力與智慧，電影的真實投影

更多的野外觀察發現，黑猩猩並不是馬戲團裡搞怪的無害的小丑，他們是一種非常熱衷於暴力的動物，《猩球崛起》裡黑猩猩握著武器的形象，可不是簡單的憑空臆想。

首先，黑猩猩是除了人類以外最喜歡肉食的大型靈長類動物。野外的黑猩猩經常組織對野豬、葉猴或者狒狒幼崽的圍獵。熱衷捕獵加上會使用工具的結果就是——黑猩猩是已知的除了人類以外唯一會使用武器的動物。2007年，美國艾奧瓦大學的人類學家吉爾·普魯茨（Jill Pruetz）在塞內加爾的叢林中觀察到一群黑猩猩使用尖銳的木矛刺殺藏在樹洞中的嬰猴，後者是一種夜行的小型猴類，經常成為黑猩猩的美餐。

這支銳利的木矛在影片中就變身成了從天而降的鐵矛。

對異類不手軟，對付同類同樣下得了殺手。古道爾在 1979 年首次報告了黑猩猩殘酷的戰爭行為。戰爭起源於 1972 年，古道爾一直跟蹤的一群黑猩猩分裂成了兩個新群體，開始兩群還能保持一定的友誼，但睦鄰友好並未維持太久。實力更強一些的甲

群先是幹掉了乙群中曾經的老大。兩年後，甲群突襲了乙群的新老大，圍毆他並用石塊將其砸死。再過了一個月，又有一隻雄性被甲群打成重傷後失蹤。第三年，甲群把乙群的一隻老年雄性摁在泥水中毆打致死，在這一年裡乙群最後的兩隻雄性和一隻殘疾雌性被殺。甲群用了三年的時間全殲乙群的雄性個體，佔據了乙群的領地和部分雌性。

那黑猩猩會不會攻擊人類呢？在野外，的確發生過黑猩猩劫走並殺害人類嬰兒的事件，目前記錄在案的有 6 次。如前面所說，黑猩猩有時會捕獵其他動物的幼崽，所以這種情況的發生並不奇怪。有報導的黑猩猩攻擊成年人並造成嚴重後果的事例都發生在美國。2005 年，66 歲的前賽車手、一隻寵物黑猩猩的主人聖詹姆斯・大衛斯（St. James Davis）在一個動物收容中心被一隻逃跑的黑猩猩攻擊，這位老人之後被送入醫院，直到三個月後才康復回家。而 2009 年 2 月 16 日，情人節後的第三天，美國康乃狄克州斯坦福市，查拉・納什（Charla Nash）被她男性友人的寵物黑猩猩襲擊，她因此丟掉了眼睛、鼻子、嘴唇、大部分牙齒、部分上顎和九根手指。2011 年 6 月 10 日，她接受了全臉移植手術。這兩起黑猩猩襲人事件成了影片中凱撒攻擊鄰居和收容所管理員的原型。

在實驗室裡，黑猩猩們則表現得相對溫柔聰慧。日本京都是全世界靈長類研究的一個中心，這裡有著名的京都大學靈長類研究所。這座研究所裡有十四隻很「宅」的黑猩猩，它們都喜歡玩電腦遊戲。這是日本科學家的發明，自 1978 年以來，這裡的

科學家就一直用電腦遊戲實驗黑猩猩的認知能力。比如，科學家們發現黑猩猩的暫態記憶能力超強。玩過任天堂掌機的朋友可能都接觸過一款暫態記憶遊戲，螢幕的一排方塊閃現隨機排列的數位，幾秒鐘後數位消失，讓你按照從小到大的順序依次點擊那些數位所處的方塊。大部分人做到 7 個數字的時候就「繳槍」了，而這裡的黑猩猩可以輕鬆做對 9 個數位甚至更多。如果你看過相關紀錄片的話，一定會被那些黑猩猩神一般的解題速度震驚。這也是影片中凱撒只瞄了一眼就記住了動物收容所管理員按下的開門密碼的現實原型。

溝通！猩猩能說話嗎？

　　有了以上這些，影片的發展似乎有了很好的現實基礎。但是，等等，說話！說話很重要！如果沒法說話，它們怎麼溝通行動協調一致啊？

　　早在《禮記》中就有記載：「猩猩能言，不離禽獸。」寫下這句話的老祖宗要麼是道 塗 沒有仔細考證，要麼是把同樣沒有尾巴的長臂猿當成猩猩了。長臂猿是靈長類裡著名的歌唱家，聲音婉轉洪亮，是神話中山鬼的原型，它們的鳴叫被誤認為是說話還倒可以理解。而生活在東南亞，我們祖先唯一可能看到的真正猩猩——紅毛猩猩，是出了名的悶。它跟大猩猩、黑猩猩一樣，聲帶結構與人類差別很大，無法發出複雜的聲音。基於這點，

即使智慧得到了巨大提高的凱撒，想說一聲「NO！」也不是件容易的事，即使能吼出來，也僅此為止了。這也是一直到 1966 年，人們嘗試教各種猩猩說話的努力均告失敗的原因。

1967 年，美國內華達大學雷諾分校的科學夫妻檔加德納夫婦（Beatrix / Allen Gardner）領養了兩歲的雌性黑猩猩瓦舒（Washoe），瓦舒生於非洲，被捉到美國作為太空計畫的實驗動物。加德納夫婦把瓦舒當成一個聾啞孩子對待，他們和研究小組的其他成員都儘量使用手語而不是聲音語言與瓦舒交流。瓦舒最後學會了大約 350 個手語辭彙，並用這些辭彙跟人們交流。她說的大多數「話」都是有關食物和需求的，更有趣的是，瓦舒會造詞。一次，她告訴她的飼養者她要「石頭果仁」，百思不得其解的人們試過很多東西之後，才知道瓦舒要她前幾天吃過的巴西果，這種果仁很硬。瓦舒不但自己掌握了這些辭彙，還教會了她的兒子路里斯（Loulis）一些。瓦舒死於 2007 年。

另一隻著名的會說話的猩猩是大猩猩科科（Koko）則仍然生活在這個世界上。1972 年，受加德納夫婦實驗成果的鼓舞，年輕的發育心理學家「佩妮」派特森（Francine "Penny" Patterson）領養了一隻一歲大的雌性大猩猩科科，並教她手語。很快，科科表現出了驚人的天賦，據「佩妮」派特森的說法，科科掌握了 1000 多辭彙量的手語表達，可以聽懂二千多個口語。今天，你可以在一部拍攝於 1978 年、名為《科科——會說話的大猩猩》（*Koko, A Talking Gorilla*）的紀錄片中看到長得酷似帕里斯·希爾頓的「佩妮」派特森與科科交流的場景。值得一提的是，科科

和片中的凱撒一樣都生活在三藩市，凱撒的養父母開車帶凱撒去紅杉林的場景應該就是取材於科科的紀錄片，連主人公那輛老舊的汽車也充滿了 20 世紀 70 年代的風韻。不過與坐在後座的凱撒不同，科科坐的是副駕駛位置。

後來的科學家對「佩妮」派特森的研究成果多數持謹慎和批判的態度，認為她很多時候過度解讀了科科表達含混的手勢。

第三隻著名的說話猩猩是尼姆‧齊姆斯基（Nim Chimpsky），這是拿著名的語言學家諾姆‧喬姆斯基（Noam Chomsky）尋開心呢。齊姆斯基在 44 個月內學會了 125 個手語單詞，似乎並不慢。但是科學家分析了齊姆斯基的「語言」，發現它打的這些手語缺乏語法結構，只不過是一些單個的形象化的字元，而且，與人類從 2 歲到 22 歲期間平均每天能學會 14 個新辭彙的速度相比，齊姆斯基每十天才能學會一個新單詞的速度實在是太慢了。

那猩猩會不會說話？

喬姆斯基老師說：「NO！」他認為，包括瓦舒和科科在內，「會說話的猩猩」都只是掌握了一些辭彙，而非語言，語言的本質是一種有組織有規律的邏輯活動，猩猩們的手語從來沒有表現出這一點。希望喬姆斯基老師不是在生齊姆斯基的氣。

預言奧斯卡的對眼負鼠
紫鵟

　　對眼（鬥雞眼）負鼠海蒂繼承章魚保羅的衣缽，因準確預言了 2011 年的奧斯卡大獎而名聲大噪。不過，「對眼負鼠」是個什麼東西？海蒂的對眼並沒有家族遺傳史，它們其實是一群「天然呆」、不挑食、會裝死、分佈廣的北美有袋類動物。

減肥治療中的明星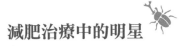

　　真的有「對眼負鼠」這個物種嗎？收到這個問題後，果殼自然控編輯們查了諸多資料，發現沒有一種負鼠是對眼的。所以，說海蒂對眼無可厚非，但要說她全家都對眼，那就是你的不對了。

　　其實，人類以外的大多數動物，只是偶爾才會露出眼白（也就是眼球外面的那層鞏膜），大部分時候眼白是被藏在皮膚下面的。露出大量眼白也許是人類的社會性導致的，為了利於表現表情，還可以在非語言交流的時候，確定視線的方向。

　　那麼，海蒂的對眼是怎麼回事呢？別急，請往下看。

　　和很多明星一樣，海蒂也曾減肥。不過她減肥是為了治療對眼。「少女」時代的海蒂也許是由於飲食結構的不合理，造成了現在體重不合理，所以她的皮下脂肪堆積得實在太多。於是海蒂其實是被眼角的脂肪擠成對眼的。

負鼠海蒂家族史

　　來自德國萊比錫動物園的海蒂，老家其實在美國，她的學名是 *Didelphis virginiana*，翻譯過來是「佛吉尼亞負鼠」。因為墨西哥以北的北美大陸就只有這一種負鼠，所以通常它也被稱作「北美負鼠」。這種負鼠分佈在美國東部各州，在 1929～1933 年大

蕭條時期也許是作為食物被引入西部，所以目前在美國西海岸也有廣泛分佈。

負鼠是一種古老的哺乳動物，它們屬於有袋類（Marsupialia，根據分類系統的不同，有袋類是一個亞綱或者一個目），與澳洲的袋鼠、無尾熊之類有點淵源。北美負鼠其實也不是北美洲土生土長的。在距今大約 300 萬年的上新世中晚期，從火山活動中隆起的巴拿馬地峽連通了南北美洲，從而導致了南北美洲的生物大遷徙。海蒂的祖先就是在那時從南美來到北美大陸定居的。

天然呆，吃得開

北美負鼠來到北美以後獲得了巨大的成功——它們分佈廣泛，家族興旺，並且成為北美大陸唯一的有袋類動物——即使和所有從南美遷往北美的動物比較，這樣的成功也是少見的。

然而一個尷尬的事實是，北美負鼠的「腦商」（encephalization quotient, 大腦重量與體重的比值）屬於有袋類中最低的那一小撮。它們可以說是名副其實的「天然呆」。這群「天然呆」怎麼能在北美大陸獲得如此成功，也許就像海蒂怎麼能猜中奧斯卡大獎得主一樣，是一個謎。

不過它們至少有一個優勢：什麼都吃。種子、花、果實、昆蟲、鳥蛋、小獸、腐肉、人類的垃圾，沒有什麼不入它們的口的。人們在實驗室發現它們甚至也吃同類，不過這也許只是在

人工養殖的極端環境下造成的行為，請不要把它們想像得如此可怕。在野外，北美負鼠最喜歡的食物是每年秋天成熟的美洲柿（*Diospyros virginiana*）。

順拐，但身手敏捷

北美負鼠長得和老鼠有點相似，它們也喜歡在人類居住的地方活動，但它們很少攜帶能傳染給人類的疾病，尤其是對狂犬病有特別的免疫力。在美國，北美負鼠常常是狩獵對象，烤負鼠、負鼠派都是流行的菜品。

可是負鼠也不是坐以待斃的。它們雖然走路順拐（按：同手同腳之義），但急了也能跑，並且能游泳、能上樹。負鼠身手敏捷，它們的腳有四前一後的腳趾，手指也很靈活，便於抓握樹枝。它們的尾巴甚至都能在爬樹的時候獨當一面。

裝死專業戶

如果真到了逃跑都不奏效的危急關頭，北美負鼠也不會「坐以待斃」，而是「作以殆斃」，也就是裝死，而且裝得惟妙惟肖——身體微蜷，眼睛半閉，嘴巴張開，必要時還能從肛門流出腐臭的綠色液體……北美負鼠如此專業，以至於美國俚語把「裝死」說成

playing possum（雖然北美負鼠的英文是 opossum, 但這裡的 possum 也是對北美負鼠的一種簡稱，而不是指澳洲負鼠）。

嗯，這個故事告訴我們：即使天然呆，但如果你不挑食、會逃跑、關鍵時刻還能裝死，還是有可能成為北美大陸唯一成功的有袋類動物的。而且沒準哪天，你胡亂在貼著照片的幾個小金人前面溜達一下，還能紅。

2011 年 3 月，這是海蒂「鼠生」中最輝煌的時刻。也許會讓人唏噓感慨的童話故事之後的現實是：同年 9 月，德國萊比錫動物園宣佈，三歲半大的海蒂由於年紀已大，患關節炎以及其他疾病，活著「太痛苦」，因此決定讓它安樂死。

喜羊羊：山羊，綿羊，還是混血兒？　famorby

　　有沒有喜歡刨根問底的小朋友曾經問過你：喜羊羊是綿羊還是山羊？

　　這個問題還真挺難回答的。這種家族謎團，可能比你想的要更為複雜……看那捲捲的絨毛特徵，應該是再也明顯不過的綿羊？可《喜羊羊與灰太狼》一片的英文譯名是 *Pleasant Goat And Big Big Wolf*, 而 Goat 指的是山羊……最近，又冒出來它們是山羊和綿羊雜交種一說。好吧，那就一起來理清羊村裡的這個謎團吧！

羊村的羊羊們長得都差不多，姑且認為他們都屬於同一物種吧，要弄清楚羊羊們的身世，先來看看山羊和綿羊有哪些區別吧！

注：暖羊羊和其他羊羊略有不同，她的手臂是毛茸茸的，在《羊羊運動會》中，作者將暖羊羊定位為盤羊，而喜羊羊等其他羊羊們則是綿羊，與英文片名出現了矛盾。

綿羊VS山羊，票數大比拼

綿羊（*Ovis aries*）與山羊（*Capra hircas*）雖然同稱為羊，但分別屬於牛科（Bovidae）的綿羊屬（*Ovis*）和山羊屬（*Capra*），這個差異程度嘛，相當於南方古猿和人類的區別。

在外形、解剖結構、生理和生活習慣上，綿羊和山羊有很多相同之處，但也存在一些差異點。結合《喜羊羊與灰太狼》裡的劇情，來逐條比對一下。

（1）比個性

綿羊的性情通常溫順、膽小，而山羊性情活潑，膽量較大，喜歡登山爬高。兩種羊都有較強的合群性，但非得一拼高下的話，綿羊比山羊合群性更強一點，不論在什麼環境下都採取集體行動的方式。

羊村裡的羊羊們有懶羊羊那樣膽小的，也有喜羊羊那樣勇敢的，而且羊羊們總是喜歡一起玩耍、一起勞動，在個性這一點上，綿羊和山羊的可能性就算打個平手吧！

（2）比生活環境

野生綿羊一般生活在草原上，而野生山羊一般生活在高原、山地，它們的四肢更粗壯有力，非常善於攀登和跳躍，並且體型和皮毛更有利於在灌木林中行動。

羊村位於青青草原，從動畫片裡來看是一片廣袤無垠的大草原，因此綿羊可能性 +1。

（3）比飲食

綿羊和山羊所採食的飼草種類都比較多。但山羊採食的飼草比綿羊還要多一點，尤其是灌木嫩枝葉。綿羊喜食非禾本科、闊葉類的草，採食高度為 20 公分以下；山羊食性雜，各種牧草、灌木枝葉、作物秸稈、菜葉、果皮、藤蔓、農副產品等亂七八糟的都能吃，但它們也還是喜食灌木嫩枝葉，包括植物的葉、莖和嫩枝，採食高度在 20 公分以上。在採食量上，綿羊比山羊要多。

喜羊羊們採集食物時一般都是割草，做出來的美食也往往都是青草蛋糕、青草湯等，雖然動畫片裡也有大家採摘樹上的果子的場面，但大吃貨懶羊羊最愛的還是「青草蛋糕」，看來它們更愛吃草而不是樹葉，綿羊可能性 +1。

（4）比相貌

綿羊頭短，身體豐滿，體毛綿密，多為白色；山羊頭長，軀體較瘦，毛為粗剛毛和絨毛，還有白色、黑色、褐色、雜色等多種毛色。

喜羊羊們身體都圓滾滾的，毛看起來也是柔軟的捲毛，而且所有羊羊都是白色的，綿羊可能性再 +1！

163

（5）比犄角

大部分雄性綿羊有螺旋狀的大角，雌獸沒有角或僅有細小的角；而大部分山羊無論雌雄均有角，公羊的角更是極為發達，僅少數無角。

羊村裡的羊羊們都有角，女孩子美羊羊和暖羊羊也不例外，山羊雌雄都有角的可能性要更大，因此，山羊可能性 +1。

（6）比繁衍

山羊繁殖力強，具有多胎多產的特點。大多數品種的山羊每胎可產羔 2～3 隻，平均產羔率 200% 以上，比一般的綿羊產羔率高得多。

喜羊羊們好像都是獨生子女，沒有哪兩隻羊羊是親兄弟姐妹的，綿羊可能性 +1。

（7）比鬍鬚

公山羊都有一抹銷魂的小鬍子，它們的頦下長有長鬚，長約 15 公分，母山羊往往沒有鬍鬚或是鬚較短，而綿羊頦下則沒有鬍鬚。

羊村裡的男孩子羊羊們下巴都乾乾淨淨，村長慢羊羊雖然有鬍子，可也是八字鬍而非山羊鬍，綿羊可能性又要 +1 了。

（8）比尾巴

綿羊尾形不一，有長瘦尾、脂尾、短尾、肥尾，尾巴常下垂，山羊尾短上翹。

羊羊們的小尾巴看不太出來到底是怎樣的，山羊和綿羊的可能性就各 +1 吧。

（9）比肉質

綿羊和山羊在肉纖維、乳成分等方面也有所不同……好吧，灰太狼實在是太笨了，幾百集下來也沒能成功嘗到一次羊肉，所以我們沒有辦法得到這方面的資訊啦。

一番比拼下來，《喜羊羊與灰太狼》裡羊羊們的身世鑒定結果就出爐啦：綿羊可能性 7 票，山羊可能性只能以 3 票告負啦。

山綿羊？綿山羊？通婚不容易

那麼，喜羊羊們有沒有可能是山羊和綿羊的雜交種呢？

事實上，儘管外表類似，性情相近，但山羊和綿羊談起戀愛來卻多半是只開花不結果，究其原因，是在於它們在動物分類學上的血緣關係較遠，山羊有 30 對染色體，而綿羊只有 27 對。

但是，山羊和綿羊之間也不是絕對的不能交配產生後代，只是這種情況很罕見而已。在牙買加、波札那、智利等地就出現過有關於山羊與綿羊自然雜交後完成妊娠、產出活羔的報導，而在英國、美國和澳大利亞的實驗室也誕生過這類山綿羊遠緣雜種。

綿羊與山羊遠緣雜交的雜種具有這樣的外形特點：頭部與綿羊頭相似，體軀與山羊體軀相似，四肢與綿羊四肢相似，尾向下垂與綿羊尾相似。由此看來，羊羊們雖然兼具山羊和綿羊的特徵，但體型倒是像綿羊多過像雜交種了。

而且，山羊和綿羊的雜交後代染色體數為 57，不能產生正常

的生殖細胞，屬於不孕不育，而羊村的羊羊們繁衍至今已經有幾百年的歷史，當然不是雜交品種啦。

所以，綜合以上分析，我們還是勉強認可，羊羊們是以綿羊為原型，經過藝術加工創造出來的形象吧！

看完後，會不會有嬌滴滴的聲音出現呢：哼，人家想當綿羊就當綿羊，想當山羊就當山羊啦！

餓不死的灰太狼，
什麼都能吃嗎？　famorby

想像一下灰太狼小心翼翼地詢問：「親愛滴紅太狼，要不……咱還是吃點水果？」

「啪！」

灰太狼的命運就是這麼的可憐……它從來都沒能吃上羊村裡的小羊們，一隻青蛙，就是它最大的幸福。每天只能吃草、果子、蘑菇，消化，補充營養，作為一頭食肉動物，它真的能消化掉這些食物而不會被餓死嗎？

吃素？灰太狼：毫無壓力！

　　狼主要以中型和大型有蹄類動物為食，如羚羊、馴鹿、野牛等，但狼的食性非常雜，土撥鼠、野兔、獾、狐狸、鼬、田鼠等齧齒動物都會進入狼的法眼，水禽及禽卵、魚、海豹等都有在狼的菜單裡出現，而碰上食物匱乏的時候，蜥蜴、蛇、蛙、蟾蜍、大型昆蟲、腐肉也能讓狼填飽肚子。

　　狼愛吃葷，但這可不是意味著它們就會拒絕吃素。狼不但愛吃山梨、鈴蘭、越橘、藍莓等植物的漿果，還中意一些茄屬植物的果實和葡萄、甜瓜、蘋果、梨等。在人類活動區域附近，狼的食譜裡除了野生動物，還有家畜、莊稼、蔬菜和廚餘垃圾。

　　可見，野生情況下，狼也會攝入一定量的植物性食物，而且和同屬犬科的親戚狐狸一樣，狼可是真心地愛吃水果，夏秋季節常會主動覓食可口的果子。

　　作為群居性動物，狼追捕牛羊等獵物需要協作進行，典型的狼捕獵行為是由群體包圍驅趕、並輪番攻擊獵物，待獵物疲累後再加以擊殺。一旦離群，這樣的狩獵策略則無法實現，因此離群的狼往往以魚、鼠類等小動物為食（作為一個好吃的傢伙，狼其實還具有很高的捕魚技巧哦）。這樣看來，灰太狼拿青蛙打牙祭就不是那麼不可理喻了。

消化？灰太狼：忍了！

　　一般來說，動物消化器官的形態結構與機能是相適應的，並且主要取決於動物的食性和取食方式。科學家認為，食性是導致消化系統形態的種間差異的主要原因之一，食草動物大腸和腸道的總長度一般要比雜食及肉食動物長。而得以證實的是，動物更傾向於改變消化道的長度而非重量，來適應外界環境的變化。

　　狼的消化管總長為體長的 5 倍左右，消化道總重約占體重的 3%，均與大型犬類似。由於長期家養馴化，家犬的食物中植物性來源的比例增加，生活環境也有所改變，導致家犬的消化道發生了一系列變化：胃的容積減小；消化道的總長度和總重量增加，尤其是盲腸和結腸的長度和厚度增大的變化最明顯。這是因為：更大的胃意味著一次能夠攝取更多的食物，從而加快進食，減少暴露自身的風險，並在食物資源不足的情況下延長兩次攝食之間的時間；而盲腸是纖維素的發酵部位，纖維素經盲腸分解後的營養物質主要由結腸吸收，盲腸和結腸對食物品質的反應非常靈敏，當食物中纖維素含量升高時，盲腸和結腸的大小就會增加。

　　相比之下，貓的消化道長度約為體長的 4 倍，這是因為貓起源於完全肉食性的動物，而犬則具有一定的雜食性。這一點從寵物糧的成分中也可以看出，貓糧的動物性來源比例是高於犬糧的。其他哺乳動物消化道長度與體長的比例情況則為：人類 5.3 倍（因為更精細的食物和烹調過程減輕了消化道的負擔），牛、羊 20～30 倍，馬約 15 倍，小鼠 6～7 倍，獅、虎約 3 倍。從食物在

消化道中停留的時間來看，人類為 30～120 小時，犬為 12～30 小時，貓為 12～24 小時。成年犬對蛋白質的需求（占能量來源的百分比）為 20%～40%，而人類則為 8%～12%。此外，犬的胃液酸度大於人類，腸道菌群密度遠不及人類，這些都說明雖然野生狼會吃一定量「素食」，馴化成犬後植物性食物的比例有所增加，但狼和犬依然都屬於食肉動物。

可見，雖然吃素時消化吸收的能力不如食草動物，但狼是食肉動物中比較具備消化植物性食物能力的一員。雖然蛋白質和脂肪攝入不足可能導致營養不良，但是多吃一點的話，還是不至於餓死的。

營養？灰太狼：我有優勢我自豪！

提到喜羊羊與灰太狼的狼羊組合，湯姆和傑瑞這對經典的貓鼠冤家，也該拉出來圍觀一番了。同樣無法享用到理想的食物，湯姆卻仍需要主人餵以牛奶和魚、肉類，才不會因缺乏必需營養素而死，而灰太狼就不用擔心這些問題啦！

貓體內不能合成牛磺酸，只能通過食物攝取，牛磺酸對貓的繁殖、心肌功能、神經系統和免疫系統都有重要作用。這種必需但卻無法合成的營養物質還包括維生素 A、花生四烯酸等。而犬則可以自身合成牛磺酸和花生四烯酸，因此，這兩種物質在狗糧中可能不會特別添加，貓糧中則是必須添加的。

　　傳統的中國農村家庭大都養狗看家護院、養貓防患鼠害，而多數人又不會給家中的貓狗提供足夠的動物性食物，最多餵食肉湯拌飯等。或許，正是因為對牛磺酸等營養素的需求，讓貓不斷捕鼠為食，維持了幾乎全部肉食的食性，而狗由於能合成絕大多數營養物質，則被漸漸馴化成了今天以肉食為主的雜食食性！

chapter

思考 *4*

我是誰？

母雞能啼叫，
公雞會下蛋？ famorby

　　春晚小品中趙本山的一句「下蛋公雞，公雞中的戰鬥機」紅透了大江南北，高考生物卷也出現過母雞變為公雞，與正常母雞交配求後代性別比例的考題，而某大叔或大媽家的「母雞變公雞」的新聞更是時常見諸報端。母雞啼叫，公雞下蛋，這種事情，究竟是怎樣的狀況？

公雞母雞，怎麼判斷？

　　要弄清楚公雞母雞性別轉換的事情，首先得對它們的性別做一個清晰的界定。

　　性別，指的是雌雄兩性的區別。眾所周知，高等動物的性別是由性染色體決定的。人類有一對性染色體，男性為 XY，女性為 XX，大多數動物也遵循 XY 性別決定規律；而在一些蛾、蝶、蜥蜴、蟾蜍和鳥類身上，則是 ZW 染色體決定性別，雄性為 ZZ，雌性為 ZW。

　　但上述的性別定義其實只是「染色體性別」，指「由性染色體決定的性別」，除此之外還有「生殖腺性別」和「表型性別」兩種概念。生殖腺性別是兩性生殖器官的區別，如女性體內有卵巢和子宮，男性則有睾丸和附睾等；而表型性別指雌雄之間的次級性徵和調節性行為的神經結構方面的差別，如女性隆起的乳房和男性的喉結、鬍鬚。

　　絕大多數個體的生殖腺性別和表型性別都是由染色體性別控制的，但在「母雞變公雞」的案例中，則出現了染色體性別不變，生殖腺性別和表型性別反轉的情況。變成公雞的母雞其染色體依然是 ZW，但體內長出了睾丸，分泌雄激素，從而開始停止生蛋、長出雞冠和長尾羽、啼叫甚至具備使其他母雞受精的生理功能。

性反轉，不是雞的專利

其實，「母雞變公雞」這樣的變性行為並不只是雞的專利。

在自然界中，這種有功能的雄性或雌性個體轉變成有功能的反向性別個體的現象叫做「性反轉」。性反轉只發生在生殖腺性別及由此引起的表型性徵的變化這一等級，而不涉及染色體性別改變。哺乳動物的生殖細胞只能朝向性染色體所決定的性別發育，因此至今未在哺乳類中發現過具有功能的性反轉。但在魚類、兩棲類等動物中，則可出現有功能的性反轉。

引起性反轉的因素很多，如動物的生理狀態、外界環境以及激素影響等。一些魚類，比如黃鱔，可在正常情況下出現雌雄同體以及自發性反轉，雌雄同體的個體具有兩個類型的性器官，其發育可先後交替，即「先雄後雌」或「先雌後雄」。

環境因子也可誘導性反轉，去掉一群魚中的雄魚，能促使部分雌魚變成雄魚並產生正常的精子。生活在澳大利亞沙漠中的鬆獅蜥的胚胎能在高溫環境下改變性別，由雄性搖身一變成為雌性，不過，雖然有雌性器官，從基因上來說它仍然是雄性。黃鱔也有獨特的性反轉現象，它們從胚胎期到初次性成熟時都是雌性，生殖腺為卵巢，產卵後卵巢逐漸變為精巢，變為雄性個體。

母雞啼叫容易，公雞下蛋可難

　　母雞變公雞的新聞常有耳聞，但在自然條件下，公雞變母雞就要罕見得多了。

　　這是因為只有雌鳥才存在生殖系統發育不對稱的現象。鳥類胚胎的生殖腺來自於生殖脊，生殖導管則來自於苗勒氏管和沃夫氏管。在雌性中，左側性腺和苗勒氏管發育成具有功能的卵巢和輸卵管，而右側保持原基狀態，這是為了保持體重利於飛行而進化出來的。在雄性中，性腺和沃夫氏管則發育成對稱的、雙側生殖系統，而苗勒氏管退化。

　　鳥類的性別雖然最初由性染色體決定，但性別的分化則在孵化階段中受性激素所控制。正常情況下 ZW 胚胎的雌性生殖腺優先發育並分泌激素，是這些激素促使雌性特徵發育，同時抑制雄性生殖腺的發育；ZZ 胚胎則相反。因此如果在孵化的早期階段，用雌激素處理雞胚，可引起雄性胚胎出現不同程度的雌性發育。

　　由於成年母雞體內只有左側的卵巢輸卵管發育，一旦它在外界刺激下病變損壞，則不再能產生足夠的激素，這時右側未分化的生殖系統原基不再受到激素的抑制，便發育為睪丸，母雞從而變成能生育的公雞，就出現了「牝雞司晨」的情況。

　　事實上，有過鄉村生活經歷的人都可能意識到，在自然狀態下，與公雞要做女嬌娥相比，母雞變身男兒郎，那可真是容易太多了。

男女搭配，活活受罪

無窮小亮

　　懸疑小說作家蔡駿的《蝴蝶公墓》中有一種昂貴且詭異的「卡申夫鬼美人鳳蝶」：它左翼有個美人，右翼有個骷髏。現實中，這並不美好。長著截然不同的左右翅膀的蝴蝶往往是「雌雄嵌體」。如果套用到人類身上，你可以想像一下全身無可挑剔的美女，就左邊腮幫子上長滿了大鬍子……

　　昆蟲的「雌雄嵌體」或「雌雄嵌合」現象和雌雄同體完全是兩回事：雌雄同體是某些動物的正常現象，指的是卵巢與精巢並存於同一個體中；雌雄嵌體則是一種畸形現象，指某些本來應該雌雄異體的昆蟲，身體一部分形態表現為雄蟲，另一部分表現為雌蟲。雖說是個例，但雌雄嵌體在昆蟲中也是遍地開花的：單是已被人們發現了的，就有 14 目 83 科 283 例。

　　雌雄嵌體的昆蟲中，最著名的就是「陰陽蝶」了，一邊翅是雄性，一邊翅是雌性。蝴蝶的翅本身就很漂亮，加上它們雌雄翅面花紋差異很大，所以一「陰陽」起來就格外引人關注。「卡申夫鬼美人鳳蝶」的靈感大概就脫胎於此。

　　在昆蟲中，鱗翅目（蝶和蛾）的雌雄嵌體最為常見，其次是膜翅目（蜂和蟻）和雙翅目（蚊和蠅）。奇怪的是，在昆蟲乃至整個動物界中種類最繁多的鞘翅目（甲蟲）中雌雄嵌體的案例數反而只名列第四。

除了蝶蛾，其他昆蟲也有左右對稱的雌雄嵌體。例如這隻採於北京的普通馬蜂（*Polistes nimphus*）（Christ, 1791），左雌右雄，左右對稱。生殖器也混搭了。

引發雌雄嵌體的原因可能有以下 5 種：部分受精、重複受精、染色體分離異常、性染色體異常缺失及常染色體（按：指性染色體以外的其他染色體）連鎖互換異常。總之，就是各種各樣的異常會造成雌雄兩性在一個個體身上混搭得五花八門……

所以，不要以為雌雄嵌體就是左右對稱地相敬如賓，事實上它完全沒這麼規矩，雌雄特徵分佈得非常隨機，就像美女長了半邊臉鬍子、猛漢長了半邊胸那麼隨機，於是昆蟲們就不得不面臨這樣的尷尬。Hotta 和Benzer 兩位科學家研究了 477 頭雌雄嵌合體果蠅，總結了它們到底有多少種「嵌法」。讓我們看看果蠅的情況能有多糾結吧。

現在知道了吧？正常的昆蟲看到雌雄嵌體昆蟲時，不會像我們看到人妖一樣驚豔，而是會怒斥「嚇死人啦！」但是，邪惡的人類偏偏要以科學的名義製造出這種怪物。比如他們利用某些突變誘導因子，例如控制溫度等，就可以誘發果蠅變成雌雄嵌體。很多蝶

綠鳥翼鳳蝶（*Ornithoptera priamus*）（Linnaeus, 1758）的雌雄嵌體，它飛起來一定很跑偏（按：即偏離正常狀態）。

這隻印度柞蠶（*Antheraea mylitta*）不單是左右翅，就連身體也一分為二，一半雄一半雌。

商就用類似的方法製造出「陰陽蝶」，然後做成標本出售。

　　要知道，雌雄嵌體昆蟲大部分是沒有「性福」的。Hotta 和 Benze 研究了 208 例雌雄嵌合體果蠅，發現僅有 130 頭有求偶行為，99 頭有試圖交尾的動作，最終只有 23 頭完成交尾。而對螞蟻而言，正常的工蟻根本就不讓雌雄嵌體的妖孽在窩裡待，會立刻把它趕出家族。孤獨的嵌體們遊蕩在宇宙間，眼看著異性就長在自己身上卻享受不到快樂，令人唏噓……

　　什麼？如果你覺得這種「雌雄同體」看起來也挺有趣，可以自己生殖的話……那請想想，你長了 2/5 的男性生殖器和 3/5 的女性生殖器，你自己試試看？！

雌雄嵌體的襟粉蝶，令人驚豔。

圖中的果蠅身體黑色的部分為雌性。就好比上帝往它們身上隨手潑了些墨水，有墨點的地方就是雌的，沒有墨點的就是雄的……夠隨機吧？正常果蠅交配時，只有雄性果蠅才有翅振現象，左側 40 位無翅振現象，右側 40 位有翅振現象。也就是說，左邊的偏雌性多一點，右邊的偏雄性多一點……

成雙成對的，未必是鴛鴦　鷹之舞

　　春天和初夏，在北京的公園裡總是能見到成雙成對游泳的「鴛鴦」……你瞧仔細了嗎？不是所有在繁殖期成對的「鴨子」都是鴛鴦。究竟哪些是鴛鴦，哪些才是其他的野鴨呢？我們得看一看鴛鴦和最常見的野鴨——綠頭鴨的區別（可千萬不要因此而不相信愛情了哦）！

鴛鴦：經常被誤會的文化符號

　　鴛鴦（*Aix galericula*）應該是國人皆知的動物形象了吧，大家都知道公的叫「鴛」，母的叫「鴦」。不過，在野外或動物園仔細觀察過它們的恐怕不多。

　　鴛鴦一向是夫妻的象徵，但因此以為它們情比金堅就是誤解了，這種鳥兒儘管老是成雙成對扮恩愛，但「鴛」身邊的「鴦」卻是常換常新的，它們並不從一而終。其實，我們的文化中關於鴛鴦的錯誤還遠不止這點。

我是三級飛羽

鴛鴦（*Aix galericula*）。

鴛鴦的雌鳥雖然色彩低調，但白色的眼圈和眼後的白紋還是別具一格的。

　　繡著鴛鴦或是畫著鴛鴦、以示深情的手工藝品也相當常見，在這些精緻作品中，圖中前面這隻羽色豔麗的雄鳥——「鴛」——是必不可少的主角；因為它長相討喜，工匠們往往十分青睞「鴛」而無視後面那隻顏色黯淡的「鴦」，一廂情願地將兩隻「鴛」華麗麗地湊成了一對兒。正所謂「鴛鴛相抱何時了」，唉！這個「性別不是問題」的時代，已經沒有什麼可以阻止它們了。

　　言歸正傳，讓我們來仔細看看「鴛」君。無論何時，它都是這樣鮮豔，紅色的嘴兒，紅、綠、紫，簡單的色彩描述已無法涵蓋它如此豐富的妝容。最為特別的是，它的最後一枚三級飛羽特化成了背部橘色的帆狀結構，這是其他鴨子所沒有的特徵。三級飛羽其實就是翅膀最內側的羽毛，生長在相當於人類上臂的位置。「鴛」君的三級飛羽異常奪目，而大部分鳥類的三級飛羽都不怎麼明顯，甚至很少被提及。

　　比起「鴛」，「鴦」顯然遜色許多，全身都是這樣的灰色，就連嘴也是灰色的，只有當你看到她白色的眼圈後面還連著一道隨頭部弧度而下彎的白紋（就像一把沒有齒的鑰匙），你才能把

她和別的母鴨子區分開來。

《花間集》裡有一句描寫鴛鴦的詞：「不是鳥中偏愛爾，為緣交頸睡南塘」（牛嶠，〈憶江南〉）。當時讀此句頗覺浪漫，待說與賢夫聽時，他便笑我，說鴛鴦是在樹上做巢，夜間是要睡在樹上的，何來睡南塘一說。於是藝術在科學面前，又一次紅了臉。

綠頭鴨：也許是最常被叫做「鴛鴦」的野鴨

這便是常常被不明真相的群眾指認的「山寨鴛鴦」了：雄性綠頭鴨。綠色的頭，黃豔豔的嘴，葡萄褐色的胸脯，還有白色的項圈，都是讓人們覺得它鮮豔、好看的組成因素，於是不假思索便說，看，那裡有鴛鴦！

個人覺得綠頭鴨還有一處很出眾的地方，就是尾上覆羽中央兩根上卷的黑色羽毛，特化成了一個「高貴的小卷」。

雌性綠頭鴨著實沒什麼特色，無論何時全身都是褐色的，就連嘴上都有一塊深色的斑，整個兒就黯淡無光。至於身上羽毛的斑斑點點——幾乎所有種類的母鴨子都是這副樣兒。即使做了母親，這隻母綠頭鴨仍舊如此低調，甚至連母鴛鴦那樣稍微有點個性的白色眼圈都不願意擁有。

看到這兒你也許覺得綠頭鴨的雌雄是如此好區分，就像鴛鴦一樣，雌鳥明顯沒有雄鳥鮮豔。這時你便犯了不完全歸納產生的錯誤。

　　且看後圖中這一對兒，是不是很像兩隻母綠頭鴨？渾身褐色、斑點，沒有一點特別出彩的地方。可是事實總會讓你大跌眼鏡——畫面近處這隻，是如假包換的公綠頭鴨。這個羽色，出現在繁殖季之後換羽之時。每年公綠頭鴨在繁殖後期總會到離巢一定距離外脫去鮮豔的繁殖羽，換上這種素色的「蝕羽」（eclipse plumage），待到冬季再陸續換回繁殖羽準備來年的配對和繁殖。蝕羽可有效降低被捕食的危險，保證了自身和家族的安全。

　　那麼如何在綠頭鴨換上蝕羽的季節區分雌雄呢？方法非常簡單：看嘴。對比前面三張照片，你會發現無論是什麼羽色，公綠頭鴨的嘴永遠是全黃色的，而母綠頭鴨的嘴則是橙色中間畫了一

我是尾上覆羽

一張極標準的綠頭鴨（*Anas platyrhynchos*）雄性繁殖羽的圖鑑照，捲起的尾上覆羽是它獨有的特徵。

塊黑斑。這個鑒別特徵即使在距離稍遠時也完全能夠辨識得出。因此不管它們穿著什麼樣的外衣，你都能一眼區分開誰是美嬌娘誰是男兒郎。

　　再透露一個小秘密：其實鴛鴦和綠頭鴨都是雁形目（Anseriformes）鴨科（Anatidae）的，它們一樣會有「難看」的「蝕羽」。

　　比較了這麼多之後，對著綠頭鴨「亂點鴛鴦」這樣的事情就不會再發生了吧？

換上了「蝕羽」的雄性綠頭鴨看上去就和雌性差別不大了，只有鮮黃的喙、頭上殘留的依稀綠色的金屬輝光還在顯露著它的性別。

給聖誕老人拉雪橇的
到底是什麼鹿？　紫鷸

那個家住北極、身穿大紅襖、趕著鹿拉的雪橇，給全世界小朋友送禮物的白鬍子胖老頭每年只工作一天，也許收到禮物的小朋友們還記得他圓圓胖胖的慈祥樣態，可你們還記得他的鹿長什麼模樣嗎？

時常聽到有人說麋鹿在給聖誕老人拉雪橇，這實在有點讓人抓狂：天可憐見，本來就已經夠珍稀的麋鹿們會被凍死的！至少，它應該是一種可以在寒帶地區生活的鹿，對不？在歐亞和北美大陸北方的廣闊森林和苔原，生活著好幾種大型的鹿，分別是馬鹿、駝鹿和馴鹿。即使谷哥和度娘告訴大家，為聖誕老人拉雪橇的是馴鹿，並奉上馴鹿的寫真若干，恐怕大家還是會覺得鹿們都長得差不多吧。

首先，麋鹿就是「四不像」！

麋鹿（*Elaphurus davidianus*）是我國的一個特有物種，不過屬於出口轉內銷。它曾經分佈在從東北到華南的各種濕地，可是在 20 世紀初就在中國絕跡了。幸虧英國的 11 世貝福德公爵私人搜集了 18 頭，圈養在自家莊園，這個物種才免於滅絕。到了 20 世紀 80 年代，英國分兩批向中國捐贈了 38 頭麋鹿，麋鹿這才算是重返故土……

說完老掉牙的故事，說重點：麋鹿的長相。麋鹿應當是少有的尾巴很長的鹿，尾巴上還有黑色的一簇簇毛，因此被認為像驢尾

麋鹿（*Elaphurus davidianus*）。

巴。而且它的臉也很長，長得有點像馬。另外它的蹄子像牛而脖子像駱駝，因此被稱作「四不像」……當然不同的人會用不同的四種動物作為比較，但是，那個長尾巴和長臉應該是很難認錯的啦。聖誕老人駕著這樣的四不像出去發禮物，會嚇著小朋友的……

其次，鹿角要足夠奇異！

　　於是長著比較正常鹿角的馬鹿被淘汰。馬鹿（*Cervus canadensis*），鹿科鹿屬，所以長著典型的樹枝一樣的鹿角。馬鹿在北半球溫帶到寒溫帶森林中常見，而且個子也很大，肩高可達 1 公尺到 1.5 公尺。馬鹿的特徵是脖子和身體有突然的顏色變化，尤其是在東亞和北美的馬鹿中，這個深色的脖子比較明顯。

馬鹿（*Cervus canadensis*）。

　　麋鹿和馬鹿都是真正的鹿，屬於鹿科鹿亞科（Cervinae）；而剩下的兩種（駝鹿和馴鹿），嚴格地說不屬於狹義的鹿，屬於鹿科　亞科（Capreolinae），它們都有「非典型」的鹿角：角會長成板狀，而且容易長得左右不對稱……

　　其實駝鹿和馴鹿還有一些共同的特徵：它們的毛很豐富，比如鼻子上的毛很多，比如雄鹿脖子下面都有下垂的長鬚，像聖誕老人的鬍子。

駝鹿（*Alces alces*）。

請繼續往下讀，雪橇鹿選秀已經到了二進一決賽了⋯⋯

等一下，我有說過一定要奇異到不像角了嗎？

完全長成一片，像兩個手掌形的東西頂在腦袋上，這⋯⋯也太超過了吧？長成這樣的是駝鹿，而不是馴鹿。

駝鹿（*Alces alces*），這是世界上最大的鹿，肩高 1.7 公尺到 2.1 公尺，而且肩部明顯隆起，再加上鼻子寬大，所以有點像駱駝。駝鹿和馬鹿一樣，生活在歐亞和北美大陸北部的森林，不過分佈的緯度更高，它們自帶雪地鞋——張開的蹄子。這龐然大物還是游泳好手，曾締造過游越 1 公里寬湖面的記錄。

不知道為什麼駝鹿沒有被聖誕老人相中，難道是因為成年雄鹿的掌狀角？或喉嚨下只有小撮鬍鬚，還有個肉垂？比較可靠的理由也許是由於駝鹿是嗅覺動物，視力不好，而聖誕老人的雪橇可是需要「飛行員」的眼睛呢！

撲朔迷離的馴鹿

於是我們的主角終於登臺了！馴鹿（*Rangifer tarandus*），在英國叫做 reindeer，在美國叫做 caribou，請大家不要再認錯了。前面用了那麼多排除法，現在讓我們來勾勒馴鹿的外貌：長著珊瑚形狀的角，一些部分連成板狀且左右不對稱，脖子上有像白色的鬍鬚一樣的長毛，尾巴短，臉不長⋯⋯

馴鹿是一種適應苔原生活的古老鹿類，分佈範圍在本書介紹

的四種鹿中最靠北邊，被聖誕老人選中，多少有點近水樓臺先得月的意思。好吧，也許真正的原因是，馴鹿適應嚴寒，為了在雪下找食物，它們的嗅覺很靈敏，而且視覺也不差。

有趣的是，馴鹿兩性都有角，這在鹿類中是很特別的。大概鹿角可以讓它們更方便地從厚厚的積雪下刨出食物吧。果殼網謠言粉碎機說，聖誕老人的馴鹿都是母的，因為公鹿在 12 月底的時候鹿角已經掉了。這是沒錯的。可是，為什麼聖誕老人的馴鹿大多都給起的雄性的名字呢？馴鹿的身份這次真的「撲朔迷離」了。

馴鹿（*Rangifer tarandus*）。

從這裡開始，與科普無關

聖誕老人的馴鹿還能飛，難道公鹿就不能永遠不掉角了嗎？

請看阿拉斯加漁獵管理部門（Alaska Department of Fish and Game）對聖誕老人的馴鹿的「科學」描述：

分類：

Rangifer tarandus saintnicolas magicalus 聖誕老人的魔法馴鹿，馴鹿的一個亞種。

亞種描述和區別：

R. t. saintnicolas magicalus 與馴鹿的其他亞種外貌十分相似，但也有一些顯著不同：馴鹿的其他亞種中，成年雄性的鹿角都會在每年 10 月底掉落，只有未成年的馴鹿會將鹿角保留到第二年 4 月。關於 *R. t. saintnicolas magicalus* 的鹿角是否會掉落，目前還沒有相關研究，只有 12 月底的幾次偶然目擊，顯示它們的鹿角看似都十分健壯且全部被茸毛覆蓋。

本亞種的另一個特徵是擁有飛行能力。通過聖誕老人一家的人工訓練，目前只要頻繁地給本亞種的個體餵食胡蘿蔔，它們就可以在極短的時間內飛越極長的距離。

家域和種群：

R. t. saintnicolas magicalus 分佈在北極，只有 9 個個體。但它們並不屬於瀕危的亞種，因為它們受到了聖誕老人夫婦和一群經過特殊訓練的精靈的照顧，死亡率為 0。雖然一些因素曾威脅過它們的生命，比如雪天屋頂太滑、洛杉磯國際機場航班過於繁忙等。

基因庫：

種群中有一個個體，名為 Rudolf，擁有獨特的基因突變：它生而具有大紅色的鼻子，並且可以發光。這大大適應了在霧氣濃重的平安夜的遠途飛行生活。

那些名字很難認，但是很好吃的魚們　among

　　「鮪、鯢（ㄋㄧˊ，即娃娃魚）、鰍（ㄑㄧㄡ，即泥鰍）、鱈、鮒（ㄈㄨˋ，即鯽魚）、鯇（ㄏㄨㄢˋ，即草魚）、鰤（ㄕ）、鱒、鮃（ㄆㄧㄥˊ，即比目魚類）、鰹、鮨（ㄑㄧˊ）、鮎（ㄋㄧㄢˊ）……」你是否被日式料理店壁紙上這樣一堆漢字轟炸過？如果你不常把字典當做食譜鑽研，當時就「亂魚漸欲迷人眼」了吧……別急，我們來把牆上的漢字，還原成新鮮美味的食材。

鮪：生魚片之王！

　　鮪？聽上去好陌生，它其實就是指金槍魚，也叫吞拿魚。金槍魚是鱸形目鯖科鮪屬一類魚的統稱，一般常見的有黃鰭金槍魚、藍鰭金槍魚、長鰭金槍魚等。黃鰭金槍魚（*Thunnus albacares*）是一個單獨的物種；而「藍鰭金槍魚」是三個物種的統稱：大西洋的北方藍鰭金槍魚（*T. thynnus*）、南方藍鰭金槍魚（*T. maccoyii*），以及太平洋藍鰭金槍魚（*T. orientalis*）。金槍魚是一種洄遊魚類，廣泛分佈在三大洋溫暖海域，大多數金槍魚種還算常見，但大西洋的藍鰭金槍魚已因過度捕撈而瀕臨滅絕。

　　南大西洋的南方藍鰭金槍魚在世界自然保護聯盟紅色名錄上被列為極度瀕危（CR）。金槍魚是魚類裡的游泳健將，梭形的身體在海水中穿行自如，平均每小時可以遊到 35 公里以上，全速遊動的話可以達到 160 公里，這樣的速度如果一刻也不停地從上海游到東京只需要 18 個小時！金槍魚味道鮮美，尤其是藍鰭金槍魚，由於其肉質結實細嫩，口感爽滑又帶些脆感，

黃鰭金槍魚（*Thunnus albacares*）。

是做生魚片和握壽司的首選材料。「鮪魚無罪，懷璧（肉鮮）其罪」，藍鰭金槍魚已經在人嘴之下瀕臨滅絕了。所以就算再美味，大家也要管住嘴，不要讓自己成為壓垮瀕危動物的最後一根稻草哦！

　　在這裡，還有一個關於「鮪」字的小笑話，古代中文中鮪字指鱘魚，而「鮪」字傳到日本之後，日本人都不認識這個字代表的魚，只能憑藉書中描述來感受，他們覺得金槍魚最符合，於是就張冠李戴了。

鰤：珍貴限量？

在很多壽司店裡經常會有一種叫做白金槍魚的限量生魚片，它肉質滑嫩，潔白如玉，是令很多人垂涎欲滴的上好食品。

　　鰤魚是鱸形目鰺（ㄙㄥ）科鰤（ㄕ）屬魚類的統稱。日本料理中常用的如五條鰤（*Seriola quinqueradiata*），又名青甘魚，是生活在東亞海域的洄游魚類。鰤魚喜愛鹽度高、溫度高的海域，每年冬季到東海產卵，春夏隨黑潮北上日本。

鰤魚是日本人非常喜歡吃的魚類之一，早在
四百多年前，日本就已開始用海水
網箱養殖鰤魚。鰤魚富含脂肪，
魚肉潔白細嫩，和金槍魚一樣用
來做生魚片和握壽司，於是鰤魚
也被叫做白金槍魚。鰤魚味美，
但是千萬不能多吃，因其富含油脂，
吃多了拉肚子可不好，這也是它常常限量供應
的原因——可不僅是因為珍貴呀！

鱈：當心偽品！

美味的鱈魚本應是人們的最愛，可在幾年前，「假鱈魚」卻
鬧得人心惶惶，無人敢買。要想知道此事的來龍去脈，還得從真
正的鱈魚說起。

鱈魚是鱈形目魚類的統稱，它們是魚類中的「北極熊」，能在
冰水中生活自如，世界上最耐寒的魚類就屬於鱈形目。鱈魚喜歡群
居，貪吃成性。我們常吃的鱈魚是產於北太平洋的大頭鱈（*Gadus
macrocephalus*）和長尾藍鱈魚（*Micromesistius poutassou*），而後者
是速食店的鱈魚堡的原料。在韓式料理中常常聽到的明太魚，其實
也是一種鱈魚，為產於白令海到日本海之間的黃線狹鱈（*Theragra
chalcogramma*）。由於近百年的過度捕撈，鱈形目的一些成員已被

五條鰤（*Seriola quinqueradiata*）。

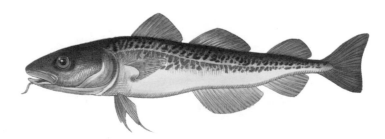

大頭鱈（*Gadus macrocephalus*）。

黃線狹鱈（*Theragra chalcogramma*）。

列入瀕危魚種，撈捕量被嚴格限制。鱈魚好吃，自然就會有贗品出現，超市裡常會把銀鱈魚 [鮋（一ㄡ╱）形目（Scorpaeniformes）黑鮋科（Anoplopomatidae）裸蓋魚（*Anoplopoma fimbria*）] 當做鱈魚來賣，遇上無良商家，甚至會用不宜食用的油魚來騙錢。油魚是鱸形目帶鰆（ィメㄣ）科（Gempylidae）棘鱗蛇鯖（*Ruvettus pretiosus*）和異鱗蛇鯖（*Lepidocybium flavobrunneum*）的統稱，富含蠟酯，可以導致嚴重腹瀉，難怪前些年「假鱈魚」事件之後，人們恨屋及烏，對鱈魚一併避之若浼（ㄇㄟˇ）。

鮒：海鯽非鯽？

鮒魚就是大家常吃的鯽魚 [鯉形目（Cypriniformes）鯉科（Cyprinidae）鯽屬（*Carassius*）]，是我們再熟悉不過的淡水魚。今天我們不說淡水裡的鯽魚，而要說說海鮒。海鮒常指黑鯛（ㄉ一ㄠ），因為它個頭顏色很像鯽魚，所以便落了個「海鯽魚」的別稱。

黑鯛是鱸形目鯛科、體色青灰魚類的統稱，它生活在近海區域，白天遠離海岸，晚上會趁漲潮到岸邊的礁石叢裡尋找食物。如此習性使得黑鯛不幸成為海釣的最好目標，加上它肉質可口，便成了東亞沿海人們最愛吃的魚類之一。

鮃：比目雙飛？

　　鮃魚指鰈形目的一些種類，例如：多寶魚（又叫大菱鮃）屬於鰈形目菱鮃科。鰈形目其實就是「比目魚」類，兩隻眼睛都長在臉一邊。古人沒見過海裡的比目魚，想當然地以為比目魚僅一邊有眼，需兩兩「合體」才能游走自如，因此把它們看做模範夫妻。不過，事實上比目魚並不成雙入對，並且，人家是橫著游泳的！比目魚善於偽裝，大多數時間它們都把自己埋在海沙裡，坐等那些眼神不好使的小魚蝦送上門。

　　比目魚的名字很有意思：體大而寬、有明顯尾巴的種類中，眼睛長在左邊的叫做鮃，若長在右邊則稱鰈；對於那些長舌形、尾巴不明顯的種類，眼睛長在左邊的稱為舌鰨（ㄊㄚˋ），反之叫做鰨。

　　下次大家在吃多寶魚的時候，不妨瞧瞧它的眼睛是不是真的長在左邊。

鰹：天然味精！

　　在溫暖的海域中，生活著一種數量龐大的魚群。它們是大型魚類和鳥類的餌料，同時也是鯨魚、鯨鯊的夥伴。它們總是數十萬條一起行動，一起捕食，如同訓練有素的士兵，沒有一條會搗亂，也沒有一條會掉隊，這種魚就是鰹魚。鰹魚是鱸形目鯖科鰹屬的統稱，以味道鮮美著稱，日式料理中經常用做烤魚和生魚片。

　　提到日餐就無法避開木魚（柴魚）花，不過別以為木魚是特殊品種，也別以為它和和尚的法器有關。木魚其實就是用鰹魚做成的：把鰹魚去皮去骨蒸製，然後煙燻至乾，製成如木頭一樣堅硬的「木魚」。用小鉋子把木魚刨成細碎透明的木魚花，就得到了日式料理中最常用的鮮味調味品，堪稱天然味精。

江湖傳說！誰是最大的淡水魚？　linki

　　它們擁有強大的氣場，動輒長達數公尺、重達數百公斤的巨大體型常常讓人瞠目；它們逃過一次次的捕殺，也在不斷的獵食中成長為流域內的王者；它們生活在渾濁的大江大湖，江湖也一次次流傳著它們出沒的傳說；它們，就是壽命長達數十年的大型淡水魚。作為陸地生活的動物，我們很難理解在水裡是一種怎樣的生活。那或平靜或湍急的水面之下，又有多少尚未知曉的秘密？隨著人類的觸角不斷地伸向大自然的各個角落，那些神秘的大魚們，也不時呈現在我們面前。

　　目前，全世界淡水中發現的大魚種類大概有 20 種，其中最有名的包括湄公河巨鯰、黃貂魚、鰉、白鱘、福鱷、巨骨舌魚等。那麼現有的記錄中，誰才是江湖裡大佬中的大佬，誰最能配得上最大淡水魚的稱號呢？

鯰魚（catfish）

　　看過電影《大魚》嗎？在那部讚頌父愛的經典電影裡出現的那條「大魚」就是一條鯰魚。雖然看上去也挺大，但跟湄公河裡的巨無齒𩷶（*Pangasianodon gigas*）比起來，還是遜色得多。巨無齒𩷶（ㄇㄤˊ），又稱為湄公河巨鯰，生活在 10 公尺深的主河道中。2005 年在泰國捕獲的一條雌性湄公河巨鯰，身長 2.7 公尺，重 293 公斤，成為有確切記錄以來捕獲的最大淡水魚。湄公河巨鯰的遠方親戚們，如歐洲的歐鯰（*Silurus Glanis*）和南亞的坦克鴨嘴魚（*Bagarius yarelli*, 這中文名起得如此霸氣），也可以長到非同尋常的巨大體型，後者還曾背過襲擊人類的惡名。

黃貂魚（stingray）

　　不知是否還有人記得「鱷魚獵手」史蒂夫・艾爾文。2006 年，這位澳大利亞野生動物專家在拍攝紀錄片時正是被一條黃貂魚刺中心臟而不幸身亡。

　　黃貂魚是魟（ㄏㄨㄥ）科魚類的俗稱，大部分種類生活在海洋中，少部分生活於南美、非洲及東南亞淡水水域。黃貂魚習性類似比目魚，通常埋於水底沙泥中，只露出雙眼和呼吸孔，有時用胸鰭做波浪狀運動貼著水底遊動。

巨型淡水黃貂魚，學名為查菲窄尾魟（*Himantura chaophraya*），是目前已知最大的魟科魚類及最大的有毒魚類。體長（算上 2 公尺多的尾巴）可達 4 公尺，重量可達 500 至 600 公斤，不過這些資料並沒有權威記錄，只是估算。

鱘（sturgeon）

鱘科的魚類中，有好幾種都具有競爭世界最大淡水魚稱號的實力，包括鰉（*Huso dauricus*）、歐鰉（*Huso huso*）和高首鱘（*Acipenser transmontanus*），而名頭最響的中華鱘（*Acipenser sinensis*）與它們比起來只能甘拜下風。許多種類的鱘都具有洄游的習性，大部分時間在海裡度過，因此也有人將其視為海魚，但大部分科學家還是將它們歸為河魚。

鰉，又名達烏爾鰉，是兇猛的肉食性魚類，主要分佈於黑龍江流域。在遙遠的歐洲它們有個表親：歐鰉。歐鰉的體型更大一些，據稱 1827 年曾有人在伏爾加河河口捕獲一條歐鰉，長度為 7.2 公尺，重達 1,476 公斤，這已經遠遠超過了湄公河巨鯰和巨骨舌魚的紀錄。達烏爾鰉體型碩大，因它們也能在海裡面生活，所以最大「淡水」魚的稱號它就不能享用了。

鱘和鰉是鱘科中最重要的兩個屬，有時也將兩者並列，稱「鱘鰉魚」，對應英文中的 sturgeon。高首鱘，雖然叫 white sturgeon，但與下文將要提到的「白鱘」卻是兩個不同的物種。

高首鱘生活在北美，被認為是北美最大的淡水魚。據稱最大的可以長到 6.1 公尺長，816 公斤重。

在鱘科魚類的體型大小排行榜上，高首鱘僅次於歐鰉和達烏爾鰉，排名第三。

匙吻鱘（paddlefish）

匙吻鱘科僅有兩屬兩種，分別為白鱘（*Psephurus gladius*）和匙吻鱘（*Polyodon spathula*）。

白鱘，或名中華匙吻鱘（Chinese paddlefish），又名中國劍魚，又因其吻長如象鼻，也被叫作象魚。與中華鱘一樣，它主要生活在長江中下游流域。白鱘主要攝食浮游動物，成體可達 2 公尺以上。據聞 20 世紀 50 年代曾有漁民捕獲 7 公尺長的白鱘，但這一紀錄並未得到確證。讓人感到痛心的是，白鱘已經差不多有十年沒有出現過了，被懷疑已經滅絕。

匙吻鱘，又名美國匙吻鱘，生活在密西西比河流域，它的吻跟船槳極為相似。

巨骨舌魚（arapaima）

　　巨骨舌魚（*Arapaima gigas*）是一種被稱為活化石的古老魚類，現在主要生活在南美的亞馬遜河流域，成體體長可以達到 3 公尺以上，重達 200 公斤。巨骨舌魚具有巨大的經濟價值和觀賞價值，因而受到大範圍的獵殺。更要命的是，巨骨舌魚雖然體型肥大，但是它們還擅長跳躍，時不時遊到水面呼吸新鮮空氣，受到威脅時甚至可以躍出水面——總之使自己變成了更明顯的目標，所以很容易被捉到。如今，創紀錄的大型巨骨舌魚已很難見到。

福鱷（alligator gar）

　　乍一看這名字感覺很糾結，有個「鱷」字，想必並不是什麼善類，偏偏名字前面又有一個「福」字，難道會帶來好運嗎？

　　福鱷（*Atractosteus spatula*），又叫鱷雀鱔或大雀鱔。它們的短吻如同鱷魚，長有兩排鋒利的牙齒，身上堅硬的菱形鱗片有時會被美洲印第安人拿來做寶石或箭頭。作為一種古老的魚類，福鱷是北美地區最大的淡水魚之一，長度為 2.4～3 公尺，成體重量在 90 公斤以上。與大部分魚類相比，福鱷還有個特長，能呼吸空氣，在離開水的情況下甚至能存活兩個小時。雖然有報導懷疑福鱷會襲擊人類，但都沒有得到確認，說實話，它們雖然長得醜，性情卻是挺溫順的。

其他貌不驚人的大魚出沒！

其實，大魚也不一定都長得像上面幾位那麼奇特，也有一些看起來比較眼熟的，比如鱸魚和鯉魚的 XXXL 款，看起來和市場上的魚類很相似，只是體型比較龐大。

不過，與其他的巨無霸淡水魚相比，上面這兩種常見魚還沒法稱得上「最大淡水魚」。最後介紹一下讓人意想不到的、可能在最大淡水魚競爭中攪局、現在還很神秘的淡水鯊魚。

沒錯，不僅海裡有鯊魚，淡水裡也有鯊魚。公牛鯊 [低鰭真鯊（*Carcharhinus leucas*）] 是一種在沿岸淺水帶常見的鯊魚，並且是多起近岸攻擊人類事件的元兇。不過，公牛鯊並不是真正的淡水鯊魚。淡水鯊魚又稱河鯊（river shark），目前共發現 6 種。它們行事低調，難得一見，科學家們到現在還搞不清楚其確切分佈。這些鯊魚都屬於真鯊科的露齒鯊屬（Glyphis），能長到 3 公尺以上，主要分佈在東南亞和澳大利亞的淡水河流中。

究竟誰才能算是最大的淡水魚？眾說紛紜。但事實是，隨著人類的捕殺和棲息地破壞程度的加劇，這些大魚的處境可是越來越不妙了。

不過，從生態意義上，體型巨大的魚類並不見得就比其他魚類來得重要。巨大的體型決定了它們的數量必定稀少，即使滅絕，對河流生態系統的影響也不是致命的。但就如同華南虎、白鱀豚一樣，它們更多的是作為「旗艦物種」，代表著一個地區

生態系統能夠達到的進化水準，大魚們的存在，也意味著這些大河、大湖的健康。

　　對於我們來說，水中的大魚並不像陸地上的巨獸那樣引人注意，但一旦見到，也足夠震撼。白鱘這樣的大型淡水魚可能已經無法再見到，但願其他大魚，還有那些還未被人類發現的大魚們，能在地球上有屬於自己的一片水域。

起什麼哄，沒見過
活化石啊？　Le Tournesol

2011 年 6 月，鳳凰網科技頻道發表了一則題為「四川水田驚現 2 億年前生物鱟蟲，或因環境污染變異」的新聞，援引了網友公佈的在一個村子裡發現的「怪蟲」圖片，這一事件曾引發大量討論，人們紛紛猜測這「怪蟲」是外星生物，是遠古入侵的「活化石」，甚至是世界末日要來臨之前的使者。其實，這則新聞裡的主角是在我國長江以北地區很常見的一個物種，我們常常可以在池塘、水坑、稻田及雨後臨時積水區見到它的身影，有的群眾稱之為馬蹄管子、土子、王八魚。它的大名叫做「鱟（ㄏㄡˋ）蟲」。

鱟蟲蟲體扁平，頭胸部及軀幹前部覆有一片盾形背甲，背甲前緣中央可見一對無柄的左右相互靠近的複眼，兩複眼前有一個無節幼體眼。它們身體分節達 40 節以上，胸肢至少 40 對，胸部與腹部分界不明顯，蟲體後端有一對柱狀細長分節的尾叉。

鱟 & 鱟蟲

　　浙閩粵的同學們可能會覺得鱟蟲很像是海洋生物鱟，但是仔細看看，它的腹部卻又裸露在背甲之外，尾節是一對柔軟的尾叉，這點又與鱟的劍尾不同。成年鱟的長度一般都在 60cm 以上，而最大的鱟蟲長度也不過 10cm，因此它們被稱為蟲一點也不過分。儘管它們被叫做「鱟蟲」，在分類地位上鱟蟲與鱟卻是很不同的。

　　鱟蟲隸屬於甲殼動物亞門（Crustacea），鰓足綱（Branchiopoda），背甲目（Notostraca），出現於上三疊紀，全世界僅有十餘種。僅鱟蟲科（Triopsidae）1 個科，鱟蟲屬（*Triops Schrank*）和鱗尾蟲屬（*Lepidurus Leach*）2 個屬，中國僅報導有鱟蟲屬。

食性 & 習性

　　鱟蟲的食性很雜，或濾食細菌，或刮食沉積於水底的有機腐屑，或捕食水蚤等一些小型的浮游生物，但它們是更偏好葷食的，所以在自然生境中，仙女蝦、水蚤、孑孓等都是它們的獵物。需要特別指出的是，它們會自相殘殺，體型小和剛剛蛻皮的鱟蟲是最容易被獵食的。

鱟蟲主要生活在臨時性的淺水體中，比如雨後或季節性水體中。而在這些水體中，它們通常都是最大最強壯的動物，很少有天敵，因此它們的生活習性和形態變化很小。鱟蟲有很多本領，既會爬泳，又能仰泳。在水底，可以看到它們能夠快速的爬泳，身手敏捷；在水面上，又能經常看到隨水流漂來漂去地仰泳。

實際上，經常可以發現它們身影的小水坑是由於大水坑蒸發而逐漸縮小的。一般來講，鱟蟲並不長的一生（約 90 天的時間）就是在這種大水坑變小水坑、小水坑逐漸乾涸的過程中走完的。當它們所在的水坑快要乾涸的時候，便會爬向另外一個積水處。在水面練就的仰泳的本領也會在這時候派上用場，它們會躺在稀泥表面快速地擺動游泳足，把稀泥推向四周，形成一個小小的積水圓坑，當做它們的避難所。

古老的生物 & 脆弱的生命

相信大家最感興趣的還是新聞標題中的「2 億年」吧，活了這麼久的時間，它們是怎樣做到的？

的確，化石資料證實鱟蟲是出現於 3.5 億年前的泥盆紀的古老生物，穿越了這麼久的歷史長河，仍然能夠與我們見面，真可算是當之無愧的活化石。正是由於它們演變的這麼緩慢，有人稱它們為演化呆滯的類群，也有人稱它們為停止參與生命大冒險的生物。達爾文的解釋則是把這類生物的出現歸因於在它們生存過

程中沒有競爭。

　　我們看到的新聞中提到，鱟蟲很怕人類對水的污染，在漂滿油花、汙物的水坑中鱟蟲無法生存。有的村民用農藥殺滅稻田鑽心蟲，也會將鱟蟲殺死。有人將鱟蟲捉回家養在魚缸裡，一夜過後發現它們幾乎全部死亡，既然它們這麼脆弱，又是怎樣挺過這3億年的光景的呢？

　　鱟蟲大多是雌雄異體，以兩性生殖為主，但在特殊情況下也可能雌雄同體，或是進行孤雌生殖。實際上，它們的卵也是有兩種：一種是夏卵，這種卵的殼比較薄，產出後便開始發育和孵化；另外一種卵為冬卵，這種卵有著厚厚的殼，在面臨乾涸的時候，它們會進入「滯育期」，滯育期的卵能夠抵禦乾燥冰凍等惡劣條件，甚至可以幫它們度過幾十年的時間。這些特殊的能力很可能是它們能夠躲過幾個大的地質巨變的重要原因。

寵物 & 食物

　　北方的孩子們經常會在 6 月左右暴雨過後的水坑中，發現這些與蝌蚪大小、形狀都差不多的生命，但善於觀察的孩子還是發現，它們的尾巴不能夠像蝌蚪那樣擺來擺去。的確，它們的尾巴只能當舵用。另外，它們的仰泳姿勢、它們用那麼多對的腳傳遞食物的動作，包括它們抱在一起相互打架，都能給我們帶來很多的樂趣，所以市場上、網上會有售賣這些小生命當做寵物。根

據目前瞭解到的情況，買到的多是滯育期的卵，需要飼養人精心培育才能孵化出來。用來售賣的品種一般都是可以進行孤雌生殖的，這樣即使它們的生命週期很短，它們死後留下來的卵又可以孵化，從而可以持續飼養下去。

據說北美國家的一些人會吃䗃蟲，把它們當做一種美味的食物。但這個說法目前沒有得到可靠的資料證實。如果它們真的有食用價值，將來會不會成為流行食品呢？這也是一件值得期待的事情。

認清鰻魚再入口
沙漠豪豬

　　為什麼你在路邊的燒烤攤上買的烤鰻魚和漫畫裡鰻魚飯上的烤鰻看起來不一樣呢？呃⋯⋯它們吃起來好像也不一樣；因為，它們本來就是不同的物種嘛！各位看清楚了，到底哪種烤鰻才是最正宗的。

看過柯南的人，一定都記得少年偵探團裡那個喜歡吃鰻魚飯的小島元太，多年以前看著漫畫裡的描述，我就一直覺得烤鰻魚是一種沒有刺而且味道很好的食物。但是後來大學時候動物學實習去了青島，在青島的燒烤攤上看到有烤鰻魚，買了之後才發現這烤鰻魚和想像中的完全不一樣，奇鹹無比這一點還能用烹飪方法來解釋，但這遍佈全身、細密柔韌的小刺讓我們這群孤陋寡聞的北京人實在難以接受，於是一行七八人中最強的一位勇士吃了三口就放棄了。那次回來我就一直琢磨，為啥同樣是烤鰻魚，元太就能大口大口地吃得不亦樂乎，我們就只能對那小刺望而卻步呢？到底是元太和我們的結構不一樣，還是我們吃的鰻魚結構不一樣？這個問題一直到很久之後我才去抽空查了一下，這才發現鰻魚這東西烤起來還真沒那麼簡單。

鰻魚飯的主角：鰻鱺

首先，日本人平常吃的實際上就不只一種鰻魚，而是包括了鰻鱺目中多種魚類，這些名字叫 XX 鰻的傢伙分屬不同的科，當然，它們的共同特點就是身材苗條而且滑溜溜，既有海水產的也有淡水產的。

先來說說元太君最喜歡吃的那種鰻魚，日本鰻（*Anguilla japonica*），也就是我們中國人說的鰻鱺、白鱔，在日語中叫做うなぎ（UNAGI）。這種魚用日本的方法烤著吃起來是沒有什麼

刺的。它是鰻鱺科（Anguillidae）的洄游性魚類，不管在中國或日本都具有悠久的食用歷史，但是它的繁殖方式和繁殖地長久以來一直不為人所知，直到 20 世紀後期才探明它在浩瀚太平洋中的真正產卵地。與大家熟知的大馬哈魚不同，鰻鱺的卵是產在東南亞的深海當中的，孵出的鰻苗長得像片柳葉，一點都不像自己的爹娘，這種扁扁的幼鰻跋涉千里回到淡水河川，等回到老家身體也已經變成了細長的形態，之後在河川中生長發育，性成熟後會再次回到產卵地，產下卵，然後死在深海之中。

　　鰻鱺每年開始向海中進軍的時間是在夏秋季節，這段時間也是老江戶人認為吃鰻魚的最佳季節，在每年 7 月 20 日左右的「土用丑日」，東京最當紅的就是烤鰻的生意。至於這種烤鰻，在日語中叫做蒲燒（かばやき），也就是元太吃的鰻魚飯上面那種黑黑紅紅、看上去令人挺有食慾的東西。對於宰殺鰻鱺的方法，在德川幕府的大本營關東地區，人們是從背部下刀剖開鰻鱺的，因為從腹部下刀就好像武士切腹，堂堂的武士怎麼能和滑溜溜的鰻鱺一樣的死法呢？但現在是資本主義社會，一切講求效率，對什麼武士道精神也就沒那麼在意了，於是就選用最符合解剖學的宰殺方式——從柔軟的腹部下刀，以無厚入有間，樸實剛健地把扭來扭去的鰻鱺變成串子上的美味。

另一種美食：可烤可煮的星鰻

　　日本人喜歡吃的另一種鰻鱺目魚類是星鰻（*Conger myriaster*），沒錯，就是《魔力寶貝》裡的那種食材。這種星鰻在分類學上屬於康吉鰻科（Congridae），在日語中它叫做 あなご（ANAGO），寫成漢字就是「穴子」，原因是它沒事喜歡在海底泥砂地鑽個洞歇著。星鰻在中文裡也音譯為康吉鰻，和鰻鱺不太容易混淆，不過由於鰻鱺是在淡水中捕撈，而星鰻終生都生活在海中，所以在有的翻譯作品中把它翻譯成海鰻，這樣就和後面要說的兩種「海鰻」糾纏在一起，不清不楚了。吃星鰻的最佳季節是暮春到夏天，同鰻鱺一樣，這段時間也是它的繁殖季節。星鰻的吃法在關東和關西也不一樣，關東主要是煮來吃，關西則是烤著吃，而曬乾的星鰻是德川家康的老家三河（現屬愛知縣）的特產之一。

中文名字糾結不清的各種海鰻

　　產自海水的星鰻被叫做海鰻，實際上中文所說的海鰻另有其物。海鰻（Muraenesox cinereus）是海鰻科（Muraenesocidae）的魚類，日語叫做 はむ（HAMU, はむ 這個詞的詞源是牙齒），寫成漢字是「鱧」，不過並不是我們漢語裡說的那種長著蛇一樣腦袋的黑魚。和圓頭圓腦的星鰻不一樣，海鰻長著一張狹長的臉，它

的吻端向前突出，上唇端還有一個向下的突起，一直咧到眼後的大嘴裡密佈著銳齒，再加上那倆隻賊溜溜的眼睛，讓它看起來就不像善類，至少……在餐桌上它吃起來不是那麼好對付。是的，這就是我們當年在青島吃到的那種密佈細長小刺的烤魚。在日本它的吃法也挺多的，煮著、烤著、生著吃都不稀罕，它的皮和卵巢也是日本人喜歡吃的食材，當然，手藝高超的廚師的本事之一，就是想辦法排除掉那些細密小刺對食用的干擾。

在水族館中的另一種被稱為海鰻的魚類，屬於鰻鱺目海鱔科（Muraenidae），一般被叫做裸胸鱔，因為它和鰻鱺目的其他魚類不同，身上沒有胸鰭。這些身上花花綠綠的大型鰻魚在日語裡叫做 うつぼ，它們看上去長得比海鰻還凶，實際上也比海鰻還凶，是一種兇猛的捕食性魚類。不過據說吃起來不錯，但產量很低，一般很少有人食用就是了。

誰能不愛海蛞蝓？
linki

　　尚不知道海蛞蝓是什麼的同學可以欣賞一下下頁的美麗生物。

　　它有個極富詩意的名字叫做西班牙舞姬，很形象吧！當然了，它正式的名字比較恐怖點：血紅六鰓。這一類美麗的生物就是海蛞蝓了，名字來自英文 sea slug，是多種殼已經消失或退化的腹足動物的泛稱。腹足動物即軟體動物門（Mollusca）腹足綱（Gastropoda）的動物，用肚子上的肉足貼地走路的蝸牛、田螺等就屬於此類，所以海蛞蝓還是蝸牛的海中遠親呢。海蛞蝓通常指後鰓亞綱（Opisthobranchia）的物種，常見的有以海牛們為代表的裸鰓目（Nudibranchia），以及以海兔們為代表的無楯（アメフラシ）目（Anspidea）。

裸鰓目：華麗一族

　　裸鰓目中某些種類有曼妙的舞姿和五彩斑斕的豔妝，讓人歎為觀止，堪稱海中舞娘。

　　其中最搶眼的大概就是上面這隻一身火紅長裙的西班牙舞姬了，這個名字來自它的英文俗名 Spanish dancer。

　　在裸鰓目中，西班牙舞姬可是大個子，有些甚至能長到 45 公分以上。它們很挑食，只吃海綿。平時，這位舞者可以在棲息地裡隱藏得很好，受到威脅時，它們會一躍而起，利用炫目的顏色和外形分散敵人的注意力。看來熱情的佛朗明哥不單是舞蹈，也是好武功啊。

　　還有一類舞娘，舞姿也許不如佛朗明哥，但它們精妙的服飾一定是最雍容華貴的——這就是裸鰓目海神鰓科（Glaucidae）的一些物種。

　　海神鰓科的 *Glaucilla marginata*，身材嬌小，最多只有 1.2 公分長。服飾上的裝飾物是它的露鰓，多達 137 個。而同一科的

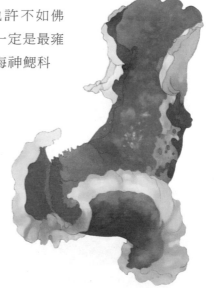

血紅六鰓（西班牙舞姬）（*Hexabranchus sanguineus*），分佈：印度洋，西太平洋。

Glaucus atlanticus, 英文俗名又叫「海燕」（sea swallow），能長到 3 公分，有 84 個露鰓。它們廣佈於全球熱帶和溫帶海域。

另一類略顯低調的萌娘是裸鰓目多彩海牛科（*Chromodorididae*）成員。多彩海牛沒有誇張的外形或舞姿，長相比較符合「蛞蝓」這個稱呼，但「多彩海牛」這個稱呼不是隨便說說的，看看下面，它們的色彩實在可愛！

安娜多彩海牛（*Chromodoris annae*），分佈：西太平洋。

堅硬雷海牛（*Risbecia tryoni*），分佈：西太平洋。

　　前面的女娜一身藍衣，斑馬條紋，還有黃白的蕾絲邊。而上頁同為多彩海牛科的這位，穿的就是豹紋了。因為顏色和形態的可愛，還有插畫師把它們畫成卡通人物，拿著海綿和海星在海底打掃珊瑚礁呢（其實堅硬雷海牛是把海綿作為食物的）。

　　有科學家發現這種海牛具有追蹤行為，它們會緊跟在前一隻同類的黏液路徑上，所以它們常成對出現。有人曾以為這種行為與交配有關，然而證據不足，現在其機制還是未知。

　　萌就賣到這裡。讓我們來看看更多裸鰓目種類。

　　條凸卷足海牛是種大型的裸鰓類，有時可以長到 12 公分以上。它們的色彩十分豐富，主要是黑色、綠色和橙色。當然最引人注目的就是它們頭上的嗅角了，它們真是名副其實的「海牛」，還是布絨玩具版的。嗅角是類似蝸牛的觸角一樣的器官，也就是前面各位萌娘頭上立起來的「耳朵」。

　　還有俗稱「火焰海麒麟」的 *Bornella Anguilla*, 長相比海牛更加霸氣。它們能長到 8 公分，具有獨特的「馬賽克」外貌。它們在遇到危險的時候會把露鰓收起來，然後像海鰻一樣遊開。裸鰓目並非都有華麗的色彩，也有很稀少的無色物種。它通體透明，枝狀消化器官在觸手般的露鰓裡清晰可見。遇到危險時這些露鰓還會脫落。這也是一種很挑食的動物，只吃珊瑚。

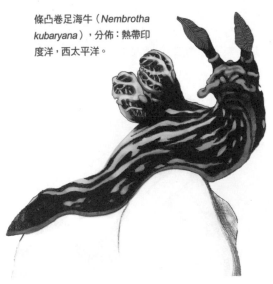

無楯目：比較低調

　　前面的〈是男是女靠競爭〉一文介紹了無楯目的海兔們雌雄同體，排成一列解決交配問題的盛況……其實裸鰓類和海兔一樣，都是雌雄同體，而且長相也有相似之處。無楯目與裸鰓目最大的區別在於，裸鰓類具有色彩斑斕、指狀的露鰓（cerata, 或稱皮膚鰓），而海兔具有很小的內殼和嗅角。從食性上，裸鰓類常吃的是海葵、海綿、珊瑚等，而海兔主要以海藻為食。

　　有一種海兔，還為科學作出過巨大貢獻。分佈在加利福尼亞沿海的加州海兔可以長得很大，最大可以達到 75 公分長——伸展開的時候，大部分成體是這個體長的一半以下。加州海兔的主食是紅藻，其體色也因此呈紅色或粉色。它們是神經生物學研究的絕好材料，為埃里克‧坎德爾（Eric Richard Kandel）獲得諾貝爾生理學和醫學獎立下汗馬功勞。

　　最後，如果你有機會下海潛水看到它們的話，還有一個小提示：

條凸卷足海牛（Nembrotha kubaryana），分佈：熱帶印度洋，西太平洋。

與海兔屬（*Aplysia*）不盡相同的是，管海兔屬（*Syphonota*）擁有綠白相間的體色和複雜的花紋，更重要的是嗅角的位置更為靠後。

　　看完這些可愛的小傢伙們，我們不得不感歎，海蛞蝓們真是一類神奇的存在。但願近海的生境不要再被破壞了，不然以後還真難以見到它們華麗的身影呢。

227

鷲龜合作，砸人沒商量
本子

　　住在鋼鐵森林裡的現代人對高空墜物常是躲閃無方，避之不及；而生活在田園景致的古代人也不是就完全無憂了，因為天上偶爾也能掉些奇怪的東西。加伊烏斯·普林尼·塞坤杜斯（Gaius Plinius Secundus），常被稱為老普林尼（Pliny the Elder），在他的著作《博物志》中（出版於西元 77～79 年）提到，古希臘悲劇詩人埃斯庫羅斯（Aeschylus）就是被空中飛翔的鷹扔下來的一龜給砸死的！雖然這個記載的可靠性值得懷疑，但從天而降的龜這種稀罕事，還是值得好好探究一番的。

受害者檔案

　　埃斯庫羅斯（Aeschylus, 西元前 525～前 456 年）與索福克勒斯和歐里庇得斯一起被稱為是古希臘最偉大的悲劇詩人，並有「悲劇之父」的美譽。他極可能是人類歷史有文字記載以來，第一位被龜砸死的人，從這個意義上說，也確實挺悲劇的⋯⋯而行兇者「某龜」，據記載是被一隻鷹給扔下來的，倒是很像《伊索寓言》裡那隻非得跟老鷹學飛最後掉下來的可憐龜。不過被鷹當成食物叼到空中然後被扔下來，好像更合邏輯一點。所以，對受害人造成直接致命傷害的某龜其實也是名受害者，我們且稱它為受害者 2 號。它到底是誰呢？

　　首先，歐洲大陸主要分佈了四種陸龜科（*Testudinidae*）的動物，分別是赫爾曼陸龜（*Testudo hermanni*）、歐洲陸龜（*Testudo graeca*）、緣翹陸龜（*Testudo marginata*）、四爪陸龜（*Testudo horsfieldii*）。這四種陸龜中除了四爪陸龜分佈在從阿富汗到中國的西北部，與俄羅斯、亞塞拜然、土耳其等國家外，其他三種陸龜在地中海均有分佈。因此我們可將受害者 2 號的範圍縮小到三個種：

　　赫爾曼陸龜：它分佈於整個歐洲南部，個頭要小於歐洲南部烏龜的平均尺寸，大概在 7～28 公分，重量約為 3～4 公斤。赫爾曼陸龜有三個亞種，其中 *T. h. hermanni* 在義大利西西里就有分佈。關於這種小型陸龜的新聞不多，但它貌似也是著名寓言故事〈龜兔賽跑〉中的主角之一⋯⋯

歐洲陸龜：歐洲陸龜至少有 20 個亞種，因此這個種的大小、品質和龜背甲顏色變化很大，棲息地的範圍也覆蓋了歐、亞、非三個大陸，其中一個亞種還分佈在北美洲。歐洲陸龜最小的只有 0.7 公斤，最大重達 7 公斤的也有報導。龜背甲的顏色從深棕色到亮黃色，斑紋則可能從純色到雜色。

歐洲陸龜經常與赫爾曼陸龜混淆，但仔細觀察，它們的形態還是有一些比較明顯的差別：比如歐洲陸龜的頭頂上有大塊的對稱斑紋，有更大的前腿，每條腿上都有很明顯的距（釘子一樣的結構）；另外歐洲陸龜的腹部甲殼中心有黑色斑紋，而赫爾曼陸龜則是有兩條黑邊。歐洲陸龜因為體型嬌小、龜殼顏色豔麗、花紋豐富多樣而成為歐洲寵物貿易中最受歡迎的品種之一，其中體型最小、最可愛也是最柔弱的亞種——突尼西亞陸龜（*Testudo graeca nabeulensis*），因為有著明亮鮮豔的黃色龜殼，被稱為黃金陸龜。由於人類的大量捕捉，使得歐洲陸龜的生存受到了威脅，在世界自然保護聯盟瀕危物種紅色名錄 2.3 版本中，歐洲陸龜被列為易危（VU）物種，即它快要成為瀕危物種了，如果現在的生存狀況不改變的話，這個物種將在野外面臨滅絕的危險。幸而有關方面已制定新規例，使此貿易大大減少。

緣翹陸龜：分佈於希臘、義大利和巴爾幹。它是歐洲的陸龜中最大的一種，最大能到 5 公斤，個頭能有 35 公分長。緣翹陸龜的龜殼長方形，並且圍繞中心部位的龜甲有明顯的增厚。雄性緣翹陸龜的後緣邊甲殼闊而呈喇叭型，因此而得名。

與赫爾曼陸龜生活的海拔相比，緣翹陸龜的棲息地以山區為

主，在 1,600 公尺的高山上都能發現它們的蹤跡。緣翹陸龜深色的龜殼可以在短時間太陽的照射下吸收足夠熱量，使它在高寒的環境下維持體溫。

　　就已有的線索來看，我們還無法進一步判斷是這三種龜中的哪一種砸中了悲劇詩人，但我們相信無論是哪種龜砸中頭頂都足以讓任何人血濺七尺。

幕後主謀——「碎骨者」

　　到現在為止，我們還沒有談到這起案件的幕後黑手——丟下陸龜砸死悲劇詩人的某鷹！到底它是過失殺人，即在獵物運輸過程中失誤丟下的，還是蓄意謀殺，即故意扔下來的呢？意圖可是量刑的關鍵。現在，我們就要來認識一種猛禽，以及它奇特的捕食行為。

　　本案的幕後主謀：某鷹——胡兀鷲（*Gypaetus barbatus*）。胡兀鷲其實不是鷹，它與鷹同屬於鷹科（Accipitridae），但分屬於不同亞科。胡兀鷲為禿鷲亞科（Aegypiinae），胡兀鷲屬（*Gypaetus*），也是該屬唯一的一個種。

　　與大多數的禿鷲不同，胡兀鷲並不是個禿頭，它的額及頭頂覆有淡灰褐色絨狀羽，梳著大背頭的髮型。它最搶眼的特徵是從眼睛到嘴側的那兩撇濃黑的「鬍子」，這也是它的名字的由來。這種大鳥體長 95～125 公分，修長的雙翅完全張開後足有 2.75～

3.08 公尺長，是歐亞大陸體型最大的猛禽之一。胡兀鷲的棲息地分佈在亞洲、非洲和歐洲的一些海拔 500～4,000 公尺的山脈，在地中海附近也有分佈。

同其他的禿鷲一樣，胡兀鷲是食腐動物，在它的食譜中，90% 是骨髓。大塊頭的胡兀鷲擁有強大的戰鬥力，可以吞下如小羊羔的股骨般大小的骨頭，同時它的消化系統也可以快速地將大塊的骨頭分解掉。有些太大不能直接吞掉的，聰明的胡兀鷲會將骨頭從空中扔向岩石砸碎，讓裡頭的骨髓露出，而後吞食。胡兀鷲也因為這個奇特的習性，得到「碎骨者」（bone breaker）或「骨頭壓碎機」（Bone Crusher）的江湖別號。

雖然吃慣了骨髓，胡兀鷲們偶爾也換換口味，如法炮製地摔開個龜吃吃，前面提到的歐洲那三種陸龜中一些不幸的傢伙就這樣「被飛翔」了。胡兀鷲要掌握空中摔骨的獨門絕技，需要幾年時間的勤學苦練，尤其對於雛鳥而言，但骨頭不是每天都有，於是一些可憐的陸龜，就被胡兀鷲從空中扔下。

真相只有一個

其實歐洲還有兩種猛禽也有摔龜吃的前科：金雕（*Aquila chrysaetos*）和白兀鷲（*Neophron percnopterus*）。但考慮到它們並非亂扔東西的慣犯，加上它們的體型都小於胡兀鷲，搬動龐大的陸龜有點吃力，因此嫌疑人仍然被鎖定為胡兀鷲。

　　如果三種陸龜和胡兀鷲的分佈範圍從古希臘時期到現在沒有大的變化，可以推斷，最有可能在西西里島被胡兀鷲抓起，繼而落在「悲劇之父」頭頂的就是山區的緣翹陸龜，也就是本文介紹的所有陸龜中最大最重的那種……。萬幸，我們終於找出了兇手，願悲劇之父安息吧。

天下烏鴉一般黑嗎？
紫鵠

你在馬路邊，撿到羽毛一片，把它交到員警叔叔手裡邊。叔叔說：嗯，這是剛才與兩隻貓打架的烏鴉掉下的……咦，烏鴉毛不是黑色的嗎，為什麼手上的這根是灰白色的呢？如果你一頭霧水了，請往下讀吧。

「天下烏鴉一般黑」，這句話你一定不陌生。仔細回想，似乎每當電影中要播放恐怖情節的時候，總有個鏡頭是一群黑乎乎的烏鴉呼啦啦飛過，伴隨著「啊！啊！」這樣單調低沉的叫聲。再想想，上下班或者上下學的途中，偶然聽見「啊！啊！」的叫聲，抬頭觀望，往往看到的也是張著大翅膀的黑色大鳥兒從空中掠過。於是這樣的印象，讓我們反復證實了「天下烏鴉一般黑」的表面含義。

　　烏鴉真的都是全黑的嗎？

　　其實，鴉屬（*Corvus*）的很多種常見鳥類都在它們身上混搭了淺色系的羽毛，它們是各種純黑色的烏鴉的近親。

　　比如，在印度各處常見的家鴉（*Corvus splendens*）就是長得和那兩位「小賤鳥」相仿的傢伙，我國的雲南和西藏也能看到它們的蹤影。

　　除了部分毛色變淺，還有些烏鴉乾脆就長著如假包換的白色羽毛。

　　比如有一種烏鴉，它的名字就叫做「白色的」（*Corvus albus*, *albus* 是拉丁文裡「白色」的陽性形容詞）。其實它全身多數部分還是黑的，只是頸部、肩部到腹部之間一片純白。這種烏鴉常見於非洲，因此它的中文名稱是非洲白頸鴉。

　　　　　　　　　　不過不用去非洲，中國也有
　　　　　　　　　　白頸鴉（*Corvus torquatus*），
　　　　　　　　　　它廣泛分佈在華中、

白頸鴉（*Corvus torquatus*）。

華南等地。與非洲白頸鴉不同的是，中國的白頸鴉大塊白色都在頸側，胸前只有一圈白，像黑色禮服上的銀項鏈。不過這種俊俏的烏鴉似乎不喜歡城市的喧囂，只有在郊野才能見到。

即使你住在北京或更北邊的地方，也還是可以看到不黑的烏鴉：達烏里寒鴉（*Corvus dauuricus*），它在中國北方和蒙古繁殖，在中國南方越冬。這種寒鴉可以分佈到海拔 2,000 公尺以上，我曾有幸在川西的藏區目睹。

達烏里寒鴉，這是中國最白的烏鴉了吧，嗯，請不要懷疑全身將近一半是白色的鳥兒是隻烏鴉。

其實，烏鴉一旦變成了黑白相間的顏色，就和它另一個遠親——喜鵲有點相似了。或者你可以反過來想，把一隻喜鵲全身染黑，再把尾巴弄短一點，你說它會不會很像隻烏鴉？烏鴉和喜鵲本是相近的鳥類，無奈一個被視為凶兆，一個卻被視為吉兆，同為鴉科鳥，差距怎麼就這麼大呢？不知道身上有

冠小嘴烏鴉（*Corvus cornix*）。

家鴉（*Corvus splendens*）。

白色羽毛的烏鴉，會不會在人們心中挽回一點印象分數呢？

　　天下烏鴉雖然不一般黑，但大多數鴉科鳥類卻有一個共同特徵——都不是省油的燈！鴉科可以說是鳥類中最聰明的一類，它們會在人類的野餐桌上搶奪食物，會成群結隊地趕走侵入它們領空的猛禽，一些城裡生活的烏鴉甚至會按照紅綠燈來選擇到馬路中間取食的時機……此外，若是你惹惱了它們，它們還會記仇，在你毫無防備的時候衝下來啄上一口，這可不是鬧著玩兒的。聰明的鳥兒你惹不起呀！

也曾夢想，
拍一張彩色照片 花落成蝕

有一首歌是這麼唱的：

熊貓的願望，拍一張彩色照片，治好黑眼圈，買房；

斑馬的願望，拍一張彩色照片，走出提籃橋，買房；

企鵝的願望，拍一張彩色照片，飛越南冰洋，買房……

請大家自動忽略關鍵字「買房」……我們的話題是顏色。只能拍黑白照片的另類們除了以上三種，還有很多。而且這三句歌詞裡還有個讓人疑惑的詞：南冰洋。這到底是南極洲，還是北冰洋？也許歌詞作者只是為了押韻，但這似乎也在不經意中暗示著南北極之間有某種共通性。拋開虎鯨不談，南極的代表動物們大多都有黑白兩色，而北極的似乎只有白色……為什麼北極就沒有企鵝呢？我們就從這裡說起……

「北極企鵝」大海雀：消失於彩色照片問世之前

　　阿德利企鵝可不是北極的居民，它們是正宗的南極企鵝。它們中的一些小個子成年後身高只有 70 公分，體重 4 公斤。和其他南極企鵝比起來，這種企鵝雖然不算大，分佈卻很廣泛，在它們的繁殖季節裡南極大陸沿海地區幾乎所有的島嶼、海岸都能夠找到大群大群的這些黑白相間的動物。可能正是分佈廣，加上顏色純，阿德利企鵝被當作是最「經典」的企鵝，出鏡率頗高，包括果殼網謠言粉碎機提到過的 BBC 愚人節玩笑裡飛行的企鵝也是它。

　　阿德利企鵝的「經典」還因為它的古老。系統發育學和生物地理學的研究顯示，「阿德利企鵝屬」自 3,800 萬年前就與企鵝科的其他物種分道揚鑣，在 1,900 萬年前的時候阿德利企鵝就正式出現了。它也算得上是一種活化石吧。

　　陰差陽錯，企鵝的英文名—— penguin，卻本該屬於一種北半球的鳥：大海雀（*Pinguinus impennis*）。它屬於鴴（ㄏㄥˊ）形目，與企鵝親緣關係甚遠，但是看起來非常像。大航海時代歐洲人首次見到南半球的企鵝時才誤將 penguin 安在了它們頭上。

　　大海雀曾經廣泛分佈在北大西洋海域：從法國以西到挪威以北，從格陵蘭、冰島到拉布拉多，所以也曾被稱作「北極大企鵝」。它們在巨岩構成的孤島上繁殖，在魚群豐富的海洋裡覓食。它們和企鵝一樣，雖不會飛，走起路來也顯笨拙，但是在水中卻身手敏捷。

　　不幸的是，這種被北大西洋沿岸的原住民利用了千萬年的動

阿德利企鵝（*Pygoscelis adeliae*），企鵝目（Sphenisciformes），企鵝科
（Spheniscidae），阿德利企鵝屬（*Pygoscelis*）。注意到它們有神的眼睛了吧。

物，在 16 世紀突然具有了許多商業價值：當時的歐洲人十分喜
愛它的羽絨，這是大海雀瀕危的直接原因之一。雖然後來各國也
有一些保護措施，但富有的收藏家們對這種瀕危動物的標本和蛋
的需求仍居高不下。因此，大海雀在人類的大量捕殺下，於 1844
年滅絕。

　　大海雀滅絕後，企鵝獨佔了 penguin 這個名字。今天，人們
熟悉這些南極的黑白色的大鳥，嘲笑它們沒拍過彩照。而最後一

隻大海雀死去時，人們還沒有發明彩色攝影技術，大海雀連遺憾不能拍彩色照片的機會都沒有。

馬來貘：去動物園必拍的黑白留念

　　讓我們回到不那麼沉重的話題上來。如果要去動物園找一種大型黑白動物留影，又不想跟著人群擠著拍熊貓和斑馬，馬來貘就是你的最佳選擇了：它黑色的身體在下半身包上了白色的尿不濕，只要不張開嘴露出粉紅的舌頭，馬來貘怎麼拍照都是黑白的（馬來貘幼仔的色彩就稍微沒那麼單調，至少有花斑和條紋）。

　　貘與豬看起來比較像，都有圓滾滾的身體，半長的鼻子。但是只要看蹄子，就很容易區分了：貘前肢有四趾，後肢有三趾，而豬的前後肢都是四趾。分類上，這兩種動物差得比較遠，分屬奇蹄目和偶蹄目，貘與馬、犀牛是本家。

　　既然是奇蹄目的動物，那麼為什麼貘的前肢有四趾呢？

　　其實無論是奇蹄動物還是偶蹄動物，它們的祖先前後肢和我們人類一樣，都是五趾的。只是在長期的演化中這些趾退化消失了，以馬為例，在它們的進化史上，越是近期出現的種類趾越少。貘前肢的四趾正是一種原始性狀。

　　馬來貘是現存的四種貘中最大的一種，其他三種貘（拜爾德貘、山貘和巴西貘）都生存在美洲。有研究者利用粒腺體細胞色素 C 氧化酶（COII）的基因序列重建了貘類的系統發育樹，發現亞洲

和美洲的貘在距今兩千到三千萬年前就已經分了家。然而現存的貘之間外型都比較類似，尤其是幼崽，都有點綴白色條紋的褐色毛皮；雖然頭骨有一定的差異，但它們的牙齒也極其相似，特徵多有重疊。所以，相當多的研究者認為這四種貘可以歸在同一個屬內。

貘的習性有點類似於河馬，是半水生的，只是對水的依賴沒有那麼強烈。它們的牙齒適應於吃柔軟的植物，無法適應粗硬的草，再加上這種動物行為很原始，貘無法與新興的偶蹄目動物競爭，自更新世以來這類動物一直在衰敗。

本已衰敗的馬來貘種群，日益受到人類的影響，數量一再減少。目前，這種憨態可掬的動物已在世界自然保護聯盟紅色名錄上被列為瀕危（EN）物種。

馬來貘（*Tapirus Indicus*），奇蹄目（Perissodactyla），貘科（Tapiridae），貘屬（*Tapirus*）。

皇狨猴：德皇的黑白半身像

　　把這種產自亞馬遜盆地西南部的皇狨猴算到一輩子只能拍黑白照片的動物裡面其實挺牽強，因為它們胸前有黃色的斑點，還有條紅褐色的尾巴。但是，這樣帥氣的鬍子實在是太吸引人了，所以幾乎所有的皇狨猴照片都是半身像，除了黑白就沒有其他顏色了。而正是這黑白半身像，讓這種小猴子成就了大名。

　　「皇狨猴」的英文是 Emperor tamarin，這個名字其實來自於一個笑話：說這種猴子的鬍鬚和德皇威廉二世的有幾分相似；所以，「皇」這個字就被安在它們身上，成了此猴正式的名字。

　　皇狨猴所在的狨科，全部產於美洲。美洲的猴子都被稱作新世界猴，正式一點的名字喚作闊鼻猴（*Platyrrhini*）。相對於所有亞非歐產的舊世界猴或者稱狹鼻猴（*Catarrhini*），闊鼻猴最大的不同在於它們的兩個鼻孔間距很大，且開孔方向是向著側面。

　　與大多數靈長類一夫多妻制的家族構成不同，皇狨猴的家族領導為雌性，典型的一妻多夫制家庭。這個大家庭的成員一般不會超過 8 隻，並由年紀最大的雌性帶領，依靠靈活的身體在樹上尋找昆蟲、鳥蛋或果子吃。而且在小狨猴寶寶出生後，家族內所有的雄性都會擔起帶孩子的責任。相信每個雄性皇狨猴都會是位好奶爸。

　　雨林裡的生活看起來挺浪漫，但也危機四伏。皇狨猴雖然和實行帝國主義的德皇威廉二世長相相似，骨子裡卻是不折不扣的和平主義者。它們經常會與生活在一起的其他狨類，例如棕鬚檉柳猴（*Saguinus fuscicollis*），一同警戒，防範食肉動物的攻擊。

皇狨猴（*Saguinus imperator*），靈長目（Primates），狨科（Callitrichidae），檉柳猴屬
（*Saguinus*）。皇狨猴都是體態輕盈的小個子，不算尾巴只能長到 25 公分左右，加上尾巴
全長能夠到 70 公分。

亞馬遜牛奶蛙：褪色的黑白照片

　　咦？這隻蛙不是褐色的麼，怎麼能說它只能拍黑白照片呢？黑白照片存放時間久了，就會變成稱作"sepia"的深褐色，這種顏色看起來最懷舊了。在亞馬遜牛奶蛙身上也會發生類似的事情。這種樹蛙身上有類似奶牛的花紋，在它們還是幼蛙的時候，身上的深色花紋是純黑的，淺色花紋是純白帶一點亮藍色。隨著它們慢慢長大，身上的黑色花紋會慢慢變淺成深褐色，白色花紋會褪去藍色，變成淺灰。這簡直就和黑白照片老化的過程一模一樣！

　　這種樹蛙被稱作牛奶蛙，可不是因為它身上有奶牛的花斑，而是因為它能擠出「牛奶」。好吧，這「牛奶」其實是像牛奶一樣的毒液，是亞馬遜牛奶蛙受到威脅時，身上的小疙瘩分泌出來的，用來趕走捕食者。

　　雖然亞馬遜牛奶蛙會分泌毒液，但是這種南美產的動物依舊被很多人當成是很好的寵物。亞馬遜牛奶蛙在自然環境中就把巢安在大樹的樹洞中，所以很容易適應人工巢穴。

銀環蛇：黑質而白章的低調殺手

　　亞馬遜牛奶蛙說它有毒，銀環蛇笑了。

　　銀環蛇產於我國南方，以及緬甸、越南。和它的眼鏡蛇親戚一樣，銀環蛇的毒液裡富含神經毒素。研究者從銀環蛇的蛇毒中

245

分離出了兩種有效成分，分別是 α - 銀環蛇毒素與 β - 銀環蛇毒素。中了這種毒之後人倒不會感覺很疼，反而會有嗜睡感——果然殺人於無形。接著毒素會攻擊神經突觸，使肌肉麻痺，導致中毒者無法呼吸而死。臺灣的研究者認為，銀環蛇的毒液在所有的陸生蛇中排行老二。不過，值得慶倖的是銀環蛇的毒性雖很強，但性格卻很溫和，很少主動攻擊人。所以，在野外看到這傢伙的話，趕緊閃開是王道。

銀環蛇的樣子就如它的名字，黑色的身軀上有一道道的銀色環紋，大的銀環蛇可以長到一公尺多。它們食性廣泛，多以魚、蛙、鼠為食，其他種類的蛇也在銀環蛇的食譜中佔有一席之地，常有人在野外發現銀環蛇吞食其他的蛇類。

亞馬遜牛奶蛙（*Saguinus fuscicollis*）屬於兩棲綱（Amphibia），無尾目（Anura），樹蟾科（Hylidae），糙頭蛙屬（*Trachycephalus*）。它能長到 10 公分，是一種大型樹蛙。身上漂亮的斑紋加上嵌有金環的黑色大眼睛，實在是很可愛。

chapter

環境 5

同一個地球上的生命要相愛

熊出沒注意——
站直嘍，別趴下 famorby

　　四川射洪縣花果山動物園的一隻黑熊在 2011 年 9 月2
日清晨 6 時左右失蹤，縣政府在當天就發佈公告，提醒周邊
居民注意安全並展開了搜捕。「熊出沒，注意！」這句標語
最初是張貼在日本北海道熊活動地段的警示，告知大家要警
惕野生的熊。萬一情形不妙，變成了「熊出！沒注意……」
呢？很多人都聽說過，此時最好的求生方法就是躺下裝死，
因為熊不吃死了的動物。這種說法到底有多少可信度呢？我
們恐怕得先搞清楚，熊到底吃不吃死物。

就許你們吃臭鱖魚，不許我們吃臭人肉嗎？

熊是食肉目熊科動物的統稱，目前全球有 8 種熊：有大家耳熟能詳的棕熊、黑熊（美洲、亞洲）、北極熊和大熊貓；還有不那麼著名的眼鏡熊、懶熊和馬來熊。除了馬來熊的體型算不上巨大，其他的熊可都是龐然大物，遇到它們不能掉以輕心。

雖然熊是雜食性動物，青草、嫩枝、苔蘚、塊根、塊莖、果實、昆蟲、鳥類、魚、鼠類、蛙、鳥卵、蜂蜜，甚至鹿、羊、牛

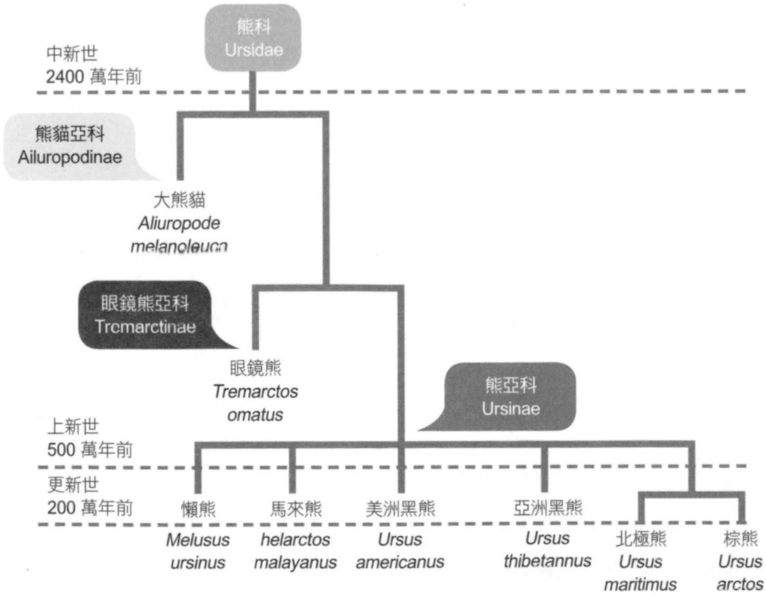

熊科動物的進化和分類圖，來源：giantpandaonline.org

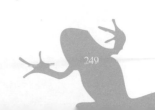

等，都在熊家的菜單上有一席之地，但畢竟身為食肉目的一員，多數熊還是更愛吃肉的（默默無視有素食主義傾向的眼鏡熊）。大熊貓雖然平日裡主要靠啃竹子度日，但遇到竹鼠絕不會放過，偶爾還會偷村民晾曬的肉乾吃。

至於動物的屍體，各種熊都是不拒絕的，北極熊表示我們這裡的肉長期保鮮，馬來熊經常享用老虎的殘羹，研究人員曾拍攝到大熊貓對著死去的小鹿大快朵頤，近年來許多棕熊和黑熊的棲息地被破壞，食物匱乏的它們就盯上了居民區的垃圾桶，總而言之，新鮮的肉當然更好吃，但熊並不會浪費死掉的大餐。

熊出！沒注意……怎麼辦？

即使遇到一頭酒足飯飽暫時不太想吃死肉的熊，但生性貪玩的它如果伸出力大無窮的厚掌把裝死的你翻過來拍過去地查看，或者用生滿了倒刺的舌頭舔你，或者在你身上坐一坐……這都不是什麼有趣的事，你不死也得搭上半條命。而如果熊剛好有點餓，不管獵物死活它都會直接開餐的。所以萬一「熊出！沒注意……」的話，裝死並非明智之舉，還是瞭解它的習性，早點知道應對方法才行。

遇到熊時最首要的是保持鎮靜，不要和熊對視，不要做出突然的舉動，大多數時候熊並沒有侵略性，它們往往只是站立起來觀察你是否對它造成威脅，這時瞪視、奔跑和尖叫都可能引起

它的不安而發動攻擊。熊善於爬樹和游泳，而且奔跑的速度也比人類要快許多，所以不要妄圖從任何途徑快速逃脫。應該冷靜地花幾秒鐘時間評估一下周圍的環境，確定出逃生的路線，再緩慢地、順著風、倒退著離開。中國俗語管熊叫「熊瞎子」，這是因為它們的視力不發達，但它們有非常靈敏的嗅覺和聽覺，所以順風慢慢離開可以避免它根據氣味進行追蹤，保持安靜可以讓熊覺得你對它無害。

偶有「裝死逃過熊掌」的報導，往往是因為當時熊並不餓，而當事人蜷縮躺下，用手護住頭頸裝死的舉動，減輕了熊「受到威脅」的感覺，避免了它受驚而自衛。但如果熊已經發動了攻擊，則要立即還手，頑強抵抗，擊打熊的鼻子，讓熊知道獵物不易得手，知難而退（基本上很難實現）。小熊憨態可掬逗人喜愛，但在野外看到小熊千萬不要上前嬉弄，熊媽媽一定就在不遠處，母熊為了保護幼崽會做出任何事情。

你可知，殘暴不是我本性

雖然大多數熊稱不上性格溫順，但也並不會主動襲擊人。在日本山間活動的人往往佩戴驅熊鈴鐺，熊在遠處就能聽到聲音而不敢靠近，北美的探險隊員也是採取邊行進邊弄出聲響的辦法嚇跑周圍的熊。

為什麼會發生熊襲擊人的事件呢？主要的原因還是在於人。

第一，由於人類不斷地深入野生動物的棲息地，熊可能為了捍衛幼崽、保護食物、自我防衛等原因而對入侵的人類發起攻擊。其次，人類的活動破壞了生態平衡，導致熊的食物減少，不得不到城鎮和村莊覓食，與人狹路相逢時可能就會發生襲擊事件。最後，熊是一種非常聰慧的動物，馬戲團常有訓練得宜的熊熊演員就是明證，聰明的熊可能會記住人類獵殺它們同類的行為，並作出復仇的舉動，就像電影《熊的故事》（*L'ours,* 1988）裡那樣。

在俄羅斯堪察加地區，因為人類過度捕魚，導致熊的主要食物三文魚的數量大幅下降，迫使熊逐步走近城市範圍，翻倒垃圾桶找食物，襲擊人類的個案隨之增多。在日本，近年來隨著自然林面積縮減，加之氣候變暖，山毛櫸、櫟樹等結實減少，熊由於食物不足而走出山林。阿拉斯加原本是人跡罕至的淨土，當地的熊在各條溪流中覓食，隨著人類的遷入，人和熊的生存範圍相互重疊，襲擊事件也就不可避免地發生了。氣候變暖也讓北極圈每年海冰形成得更晚，融化得更早，饑餓的北極熊將被迫在岸上花費更多時間，遇到人類，發生潛在悲劇結局的可能性也增大了。而人們為了熊掌、熊膽和熊皮大衣不斷獵殺熊，這無疑也加劇了熊在面對人類時的暴戾情緒。

野生的熊對陌生的人類還是懷有畏懼的，它們只求在自己的世界裡安靜的生活，相信如果人類更尊重自然、愛護自然，許多悲劇也就不會發生了。

天堂裡，小白熊永遠孩子氣　瘦駝

　　小白熊克努特死了，柏林當地時間 2011 年 3 月 19 日下午，正在遊逛的克努特猝死，數百名遊客目睹。但這條新聞很快被淹沒在另外一些更讓人操心的新聞大潮中，並沒有引起什麼波瀾。這與克努特的出生正好形成了鮮明對比。

　　讓我們回顧一下這頭歷史上最著名的北極熊短暫而跌宕的 1,565 天的一生，它為什麼會虜獲那麼多人的心，然後又慢慢被人遺忘。

曾經輝煌：備受矚目的童年

2006 年 12 月 5 日，小白熊克努特悄無聲息地來到世上，它和它的雙胞胎兄弟都被母親遺棄，只有不到 30 公分長，還睜不開眼睛的小哥倆在冰冷的岩石上被凍了 5 個小時。後來被柏林動物園的工作人員救下，並開始人工餵養。4 天後，它的兄弟夭折，而克努特頑強地存活了下來，成為德國 30 年來第一隻人工餵養成功的北極熊。

2007 年新年到來，德國的數家媒體開始報導克努特，毛絨玩具般的小傢伙迅速虜獲了人們的心。有家電視臺在週六上午推出了克努特的紀錄片，居然獲得了 15% 的收視率。連那些平日裡板著個臉孔的政要們也成了克努特的俘虜，據說柏林市長每天都看克努特的成長紀錄片；克努特 15 周大，第一次與眾人見面的時候，德國的環境部長也來湊熱鬧，他成了小克努特的監護人。首次見面那天，幾千人來到柏林動物園，等待一睹小白熊的隊伍排出去 300 公尺長。披頭四保羅·麥卡尼不顧年邁，還為克努特創作了一首歌曲《好熊克努特》。克努特的玩具和紀念品也成了搶手貨。

幸福時光總是太匆匆，轉眼就是克努特周歲生日了。2007 年 12 月 5 日這天，克努特過了一個冷冷清清的周歲生日，連部長「乾爹」都沒來捧場。而那些克努特紀念品也成了滯銷貨，小販們很頭痛。為什麼明星克努特失寵了？人們要的是毛絨玩具般的克努特，不是膀大腰圓滿眼凶光的猛獸。一周歲的克努特已經是個體重 116 公斤的大小夥子了。

娃娃臉＝萌：護幼本能的審美

其實小白熊克努特被它的粉絲們拋棄並不說明人們薄情寡義，這是人類的本能在作怪。早在 1949 年，奧地利偉大的動物學家康拉德・洛侖茲（Konrad Lorenz）就提出了一個假說，他認為幼小動物的種種體貌特徵會引發成年動物的護幼行為。而這些所謂的「幼稚特徵」就包括大腦袋、大眼睛、短鼻子等。

這也是動物的「可愛特徵」。不妨看看卡通片，最經典的莫過於米老鼠的「演化史」。古生物學家史蒂芬・古爾德（Stephen J. Gould）曾經在他著名的科普文集《熊貓的拇指》提到過這一節，從誕生那天起，米老鼠的形象就一步一步向著更「幼稚」的方向演化：頭越來越大，眼睛越來越大，鼻子也越來越短。同是迪士尼的卡通形象，那些蠢笨邪惡的角色則「成年化」很多，比如傻乎乎的普魯托和古菲，或者與米奇爭奪明妮的壞老鼠莫迪默，無一例外都長著一張大長臉。

在動物學家和行為學家那裡，洛侖茲的假說也得到越來越多的證實。科學家們發現這種偏愛「幼稚特徵」的現象是跨民族跨文化的，甚至跨越了物種，因為在很多其他哺乳動物和鳥類那裡，也存在這一現象。這一偏好同樣影響到了成年人，特別是成年男人的擇偶，這可以解釋為什麼那些大眼睛的「卡哇伊」女孩特別受歡迎。

而有些動物就占了這個偏好的光，比如大熊貓和考拉（無尾熊），即便成年了，這些動物仍然長著一副「娃娃臉」。這就可

以解釋為什麼是它們，而不是別的動物特別受人歡迎了。

受影響更大的動物是我們的寵物們，特別是狗。與它們的先祖狼相比，狗普遍呈現出了「稚態延長」的現象。淺色的毛、大腦袋、圓滾滾的身子、耷拉的耳朵、搖來擺去的尾巴，甚至是汪汪叫，都無一不是小狼的特徵——成年狼只會嚎叫不會吠叫。這不過是一萬多年來人們偏愛「稚態」這一選擇壓力施加給一代又一代狗的結果。

嚴重稚氣未脫的動物：人

而人類本身也是「稚態延長」的動物。與我們的親戚黑猩猩相比（人類與黑猩猩的差異遠小於獅子和老虎的差異），人類的大腦發育一直延續到 20 歲之後，而黑猩猩的大腦在出生後一年就不再發育了，人類牙齒的出現與其他靈長類動物相比也是最晚的。並且，這種稚態延長的趨勢並沒有隨著人類社會的發展而縮短，反而是更嚴重了。現代人需要花費壽命的三分之一來學習必要的社會生存技能，這真是一種極大的浪費啊。

英國紐卡斯爾大學的進化心理學家布魯斯·查爾頓（Bruce Charlton）認為，現代人正在經歷一場成長發育上的危機。原因在於，環境的頻繁更換需要保持孩子似的不安定狀態，以及終生的學習意願。漫長的受教育歷程也使成年式的生活和思維習慣的形成培養變得艱難。查爾頓認為，這種新型的成熟危機反而是在

那些最為睿智的頭腦中反映得最為明顯。教師、科學家和許多其他學術人士行事常常具有跳躍性，他們的關注點變幻不定，而且遇事容易有過激反應。

其實克努特的「爸爸」湯瑪斯‧德爾夫萊恩（Thomas Dörflein）就是這樣一個典型的遭遇成長發育危機的人類。克努特的生父是今年 20 歲的北極熊拉爾斯（Lars），但雄性北極熊是沒有照顧幼崽的本能和義務的。相比之下，湯瑪斯才是那個把克努特拉扯大的父親。在「成熟」的人類看來，湯瑪斯逐漸變成了一頭北極熊，而克努特也許變成了一個人。

可歎的是，2008 年 12 月 22 日，「北極熊」湯瑪斯死於心臟病。這位父親般的飼養員在不惑之年就與克努特永別。但願在天堂裡，他們能繼續做一對情深的父子。

別把海象和海豹
不當北極特色　紫鵑

北極之行，是一段與野生鰭腳類密集相遇的旅程。

鰭腳類（Pinnipeds）真是一個讓人糾結的類群。

首先，說它是目吧，它屬於食肉目（Carnivora）；說它是科吧，它的成員海豹、海獅、海象都有各自的科；甚至它連亞目、下目、超科都不是，它的上面還有犬型亞目（Caniformia），所以鰭腳類這一支就只能被叫做「鰭腳類」……

其次，說它是海洋動物吧，它們生命中有不少時間都趴在岸上；說它是陸地動物吧，它們離開了海水或湖水又不能活……不過有一點可以肯定，和備受關注的北極熊一樣，鰭腳類也是不折不扣的食肉動物。事實上，鰭腳類的祖先與熊的祖先親緣很近，如果這位祖先碰巧沒有把爪子變成鰭，當今也應該被人們稱作「猛獸」吧。可是如今，北極熊成了北極圈內陸地和海冰冰面上的頂級捕食者，而鰭腳類還在繼續不尷不尬地被北極熊吃著……

不過，大家不要因為它們不尷不尬，就不愛它們。

「裝象」較量

海象（*Odobenus rosmarus*）是在北極看到的鰭腳類動物中的亮點。它是體型第二大的鰭腳類，成年雄性重達 1.7 噸，僅次於象海豹（*Mirounga spp.*）。這個重量級，連北極熊都不敢輕易惹它。只有偶爾一些年幼無力的海象會在北極熊的追逐中被其他同群的海象踩踏而傷殘，它們才會不幸成為熊的食物……

海象生活在北極地區，而象海豹生活在南極附近 [*南象海豹*

（*M. leonina*）] 或北美西岸 [*北象海豹*（*M. angustirostris*）]。海象和象海豹比較容易混淆，因此我們可以嘗試通過這樣的假想來區分它們：曾經，有兩種努力假裝自己是大象的大型海豹，其中一種雖然個子夠大，但只有豬一般長的鼻子卻沒有牙齒，所以它只能被叫做象海豹；而另一種雖然沒有長鼻子，但長出了逼真的象牙，所以它被稱作了海象。

北極「象牙」

　　海象的「象牙」是可以長達 1 公尺的犬齒，雌雄都有，它是武器和工具，也是雄性海象在種群中地位的象徵。擁有最長犬齒的雄性海象通常是整群海象的霸主，如果有牙齒長度相近的雄性海象不服，就會有一場搏鬥。中國古代記載的來自北方的「象牙」，應該是來自海象，畢竟最後的猛　象大約 1 萬年前就已經消失了，所以這些「象牙」來自真正的象的可能性很小。

　　海象並不用它的犬牙來殺死獵物，它們吃海底的小生物，包括蝦蟹、貝殼等。吃貝殼的時候，它們用大嘴把貝殼包起來，然後用舌頭作為活塞製造吸力，吸出貝肉。2011 年 8 月在北極旅行時，船上的動物學家 Dmitri 半開玩笑地表示，千萬別讓海象親吻你，它可以把你的腦花都一下子吸出來。

　　有人看過海象用大牙把身體掛在冰面上，這倒是大牙不錯的用途。

淚目海豹

從巴倫支海到法蘭士約瑟夫群島再到北極點的路途上，有兩種海豹較為常見：灰色、身上有深色環形斑紋的環斑海豹（*Pusa hispida*），以及褐色、有大鬍子的髯海豹（*Erignathus barbatus*）。這兩位是北極熊食譜上的主要菜品，它們偶爾會向南遊蕩到中國的海域。

而銀灰色、黑眼睛的琴海豹（*Pagophilus groenlandicus*），則是北大西洋和北冰洋特有的。

琴海豹的學名 *Pagophilus groenlandicus* 的意思是「格陵蘭的冰雪愛好者」。它們生活在北大西洋的最北端，從法蘭士約瑟夫群島到格陵蘭，再到北美東部聖勞倫斯灣的冰面上都有其蹤跡。

琴海豹寶寶出生後第 3 天到第 15 天皮毛是純白色的。小琴海豹的白色皮毛是價值很高的皮草，同時它也幾乎成了動物權益的象徵。每年在加拿大聖勞倫斯灣的（Gulf of St. Laurens）冰面上，被人們棒打至死的小海豹大多為琴海豹。琴海豹純黑色的大眼睛看起來常噙滿淚水，這其實是為了保護角膜不受到海水鹽分的傷害。同時由於海豹在水下不能使用嗅覺，所以它們必須要有良好的視力。可是，我更願意相信海豹們是真的在哭泣。

北極有很多鰭腳類動物，雖然這些海象、海豹、海獅們沒有北極熊那麼天生麗質且善於賣萌，但它們也是很值得關注的一類獨特動物。

大魚年年有，也曾特別多　瘦駝

在人類捕撈等選擇壓力很小的情況下，許多魚類可以長到很大的個頭。不過，新聞裡人們對「稀奇」的追求，會使那些大魚們真正稀奇起來。

2011 年 5 月 23 日,新華網報導,浙江紹興某酒店出現一條長約 2.2 公尺、重約 265 公斤的巨型石斑魚 [鱸形目(Perciformes)鮨（ㄐㄧˊ）科(Serranidae)石斑魚屬(*Epinephelus*)]。據廚師介紹,如此大的石斑魚能供 800 人食用。據悉,巨型石斑魚是從福建福州漁民處購得。

如果以「石斑魚」為關鍵字去搜索新聞,你會發現,巨型石斑魚並不是特別稀奇,隨手摘兩個比較近的例子:

2011 年 5 月 5 日「浙江線上」:巨型石斑魚現身浙江嵊州市中心廣場,引來不少市民的圍觀。魚體長達 2.2 公尺左右,重達 631 斤。

2009 年 1 月 15 日(《南方都市報》):珠海夏灣中學附近一火鍋店門口擺放了一條巨大的石斑魚,吸引過往市民駐足觀看。據該店老闆介紹,石斑魚是其從南澳漁民手中花 6 萬元購得的,重達 618 斤,長 2.05 公尺。

事實是,在人類捕撈等選擇壓力很小的情況下,許多魚類可以長到很大的個頭。不過,新聞裡人們對「稀奇」的追求,會使那些大魚們真正稀奇起來。

鯉魚能長多大?

其實,就連經常被擺上尋常百姓家的餐桌的鯉科魚類,也是大塊頭輩出的。青、草、鰱、鱅四大家魚和鯉魚都是鯉科

的成員，上面這幾位都有體長超過 1 公尺、體重超過 50 公斤的記錄。它們的一個東南亞親戚，叫做巨暹羅鯉（*Catlocarpio siamensis*）的則能長到 3 公尺長，體重超過 300 公斤。這種大傢伙目前已經十分稀有，但是每年還是有幾個幸運的漁民能中大獎，2007 年 7 月 17 日，英國《每日郵報》就報導過一個泰國漁民釣上來一條重 116 公斤的鯉魚。

壽命越長，魚體越大

　　人們對生長的認識，多來自於我們哺乳動物。哺乳動物的生長是階段性的，在性成熟之前保持高速的增長，到性成熟時體長、體重達到高峰，此後不再生長。而魚類則不同，很多種類在性成熟之後仍然以穩定的速度生長，如果餌料充足，直至死亡，生長仍在繼續。因此，魚類學家可以根據魚類的體長體重來分辨它們的年齡，對同一種魚，越大，一般意味著越老。以青魚為例，在我國長江水域，1 公尺左右的青魚大概有 6 歲。另外一種判別魚類年齡的方法更為準確一些，這就是年輪法，魚類的鱗片、脊椎骨、鰭條和耳石上都有明顯的年輪。

　　給魚數數年輪，往往讓人大跌眼鏡。1997 年，美國阿拉斯加州魚類與野生動物部（Department of Fish and Game）對在該州捕獲的黃眼石斑魚（*Sebastes ruberrimus*）進行了年齡調查，發現到達美國人餐桌上的黃眼石斑魚中，有 16% 超過 50 歲，甚至許多百歲老

魚也成了盤中餐。想想我們嘴裡嚼的，竟然是些遭遇過納粹潛艇，甚至追隨過鐵達尼號的老資格，這未免讓人有點兒負罪感。

最大的一種魚

傳統的衰老生物學認為，動物性成熟越晚，它的壽命就越長，因為作為生物個體，其使命在完成傳宗接代之後，就可以說完成了。這個說法也獲得了實驗證實，加州大學洛杉磯分校的羅絲（Michael Rose）選擇那些性成熟更晚的果蠅互相雜交，最終獲得了比正常果蠅壽命長兩倍的晚熟個體。同樣的，這個理論也有魚類支持者，作為現存最大的魚類，鯨鯊（*Rhincodon typus*），從出生到性成熟需要 30 年，這種身長超過 14 公尺、體重 15 噸的大傢伙，一枚卵就有 36 公分的直徑。而鯨鯊的壽命，目前尚不為人知，保守估計能達到 100～150 歲。

2007 年，福建漁民就捕獲過一頭體長 8.5 公尺、體重 8.5 噸的雌性鯨鯊。2005 年鯨鯊被列入《瀕危野生動植物種國際貿易公約》附錄 II，我國是該公約的締約國，根據我國有關法律法規，受該公約附錄 II 保護的物種也就是國家二級保護物種。然而這條鯨鯊仍然被賣了 85,000 元，並且上了當地的晚報，過去幾年中，也不時有鯨鯊在街上被公開屠宰的消息。

在人類出現前，可能許多魚類從未遇到過如此強大的捕食者。也許我們可以設想一個海洋和湖泊中生活著巨大魚類的史

前世界。在人類活動的壓力下，不能壽終正寢的魚越來越多，我們卻因此對越來越罕見的巨大的魚越來越驚歎。看來，說不定將來人們會以為一些魚類的體型天然很小，全然不知它們曾經的龐大，這還真是有點諷刺。

蜱蟲沒你想像的
那麼可怕　　瘦駝

　　2011 年 6 月，北京回龍觀龍澤苑西區居民發現在自己的社區內，被一種蟲子叮咬後癢癢難忍。隨即昌平區疾病管制中心確認，龍澤苑西區出現了蜱蟲。農業部門立刻針對綠化帶噴灑農藥，進行滅殺，疾病管制中心還提醒居民，請人和寵物遠離草叢。

　　這不禁讓人回想起 2010 年夏天和 2011 年 5 月分別發生在河南和山東的蜱蟲叮咬致人於死的新聞。屢屢發生的蜱蟲致人於死的事件使人們幾乎是談蜱色變，好像這種蟲子是一夜之間出現的新魔鬼。這在一定程度上體現了媒體對這問題的陌生與無知，因為對於廣大農民來說，蜱根本不是什麼陌生的東西。即便對於高度關注此事的城市居民來說，蜱也並非離我們很遠。值得一提的是，根據報導，最近幾年，包括美國和歐洲在內，蜱的分佈區域都有擴大的跡象。科學家們猜測這與全球氣候變暖和人類活動的增加有關。

「我曾侍奉過硬蜱國王」

　　對於經常出野外鑽樹林的人來說，與各種「毒蟲」親密接觸是日常生活的一部分：被蚊子叮成癩蛤蟆；山螞蟥咬過的創口流出的血染紅了 T 恤；早上起床從登山靴裡倒出一隻蠍子或者蜈蚣來，這都是常態。2007 年 8 月的一天，魯北某地，白天我花了幾個小時在樹叢裡拍攝昆蟲，晚上洗澡的時候，摸到頭皮上似乎長了個什麼不疼不癢的疙瘩。同伴過來仔細一看，驚叫了一聲，說是我頭上長了個黃豆大小的血泡。我告訴同伴仔細瞧瞧這個血泡是不是長著八條腿，同伴果然發現了八條短短的小細腿。

　　我被蜱叮了。

　　蜱的八條腿告訴我們其實它不是昆蟲。蜱其實是蜘蛛的親戚，它屬於蛛型綱蜱蟎亞綱的動物。蜱的卵一般產在土裡。剛孵化出來的蜱居然是六條腿的，要知道蜱所在的蛛形目可都是八條腿的傢伙。這時候的蜱我們稱之為蜱的幼蟲。不過等幾周後，這些幼蟲經過幾次蛻皮就會變成八條腿的「若蟲」。此時的蜱看上去跟成年蜱沒什麼兩樣，但是它們的生殖系統還沒有發育完全，個頭也要小一些。再過幾周，這些「若蟲」蛻皮變成完全成熟的成蟲。一般來說雄性蜱個頭比雌性要小一些。

　　它的小兄弟——蟎，因為和人類接觸密切而更為人所知。跟蟎蟲一樣，已知的 800 多種蜱也大都是小不點，最大的也不過一公分左右的體長。加上它並不會飛，也不會主動往人家裡湊，所以儘管蜱的分佈極廣，卻一直鮮為人知。

　　其實在病原生物學家眼裡，蜱絕對是個重要的狠角色，它在很多疾病的流行過程中起著很大的作用，在傳播疾病的種類和廣泛性方面，甚至只有蚊子可以贏它一頭。雖然跟被蚊子叮了一樣，大部分情況下被蜱叮咬並不會產生什麼嚴重的後果，但是一旦不幸中招，你可能遭遇：萊姆病、斑疹熱、Q 熱〔貝氏考克斯菌（Coxiella burnetii）所引起的人畜共通傳染病，是一種立克次體疾病，在台灣較少見〕、森林腦炎〔森林腦炎（forest encephalitis）又稱蘇聯春夏腦炎（Russian spring-Summer encephalitis）、蜱媒腦炎（tickborne encephalitis）或稱遠東腦炎，是由森林腦炎病毒經硬蜱媒介所致的急性中樞神經系統傳染病〕、出血熱、巴貝斯蟲病（Babesiosis）、泰勒蟲病（theileriasis）、洛磯山斑疹熱（Rocky Mountain spotted fever）等 81 種病毒性、31 種細菌性和 32 種原蟲性疾病。另外，被蜱叮咬後最常見的健康問題是皮膚感染，因為蜱吸血的口器很複雜，上面長著倒刺，一旦不恰當的拔除正在吸血的蜱，很可能讓它的口器折斷在皮膚裡。另外一種被媒體渲染，但是卻十分罕見的情況是蜱癱，只有短時間內被大量蜱叮咬，蜱唾液裡的毒素才有可能造成這種情況。

「布尼亞病毒」不可怕

　　對於大部分醫生來說，接觸蜱以及蜱傳染病的機會並不多，但這並不意味著它們很神秘。事實上，任何一本大學醫學寄生蟲

學和微生物學教科書都會提到蜱和幾種常見的蜱傳染病，而且這些蜱傳染病如果診斷準確及時，大都可以有很好的治療。2010年河南、湖北、安徽和山東曾發生數起致人死亡的蜱叮咬事件，經過一番很艱難的研究，罪魁禍首最終鎖定為一種新型布尼亞病毒，而由這種病毒導致的疾病被暫時定名為發熱伴血小板減少綜合症。衛生部隨即在 2010 年的 9 月 29 日印發了《發熱伴血小板減少綜合症防治指南（2010 版）》。

根據這個指南的介紹，這種疾病的典型特徵是發燒攝氏 38 度以上，甚至高達 40 度的高熱，伴有乏力、頭痛、肌肉酸痛和腹瀉。雖然目前還沒有有針對性的治療方案，但是對症治療後絕大多數患者仍然可以完全康復。目前尚未發現這種病有人傳人的病例。

被叮之後別亂揪

當身邊出現了蜱的蹤跡，我們該怎麼辦呢？首先應該避免在樹林和草叢中久留，如果你是農業工作者或者野外工作者，進入蜱區的時候應該做好個人防護。戴帽子、穿長褲長衣、把褲腿紮進襪子或者靴筒裡。如果可能的話，用一些含有避蚊胺 DEET 的驅蚊水噴灑在衣服和暴露的皮膚上（**不建議給兩歲以下幼兒使用避蚊胺**），你可以在任何一家大超市買到這種驅蚊水。如果不是必須，建議你穿著淺色的衣物。並不是說淺色不招蜱，而是一旦有蜱落到衣物上可以更容易發現。

當從可能有蜱出沒的地方回家後，先檢查一下你的寵物身上是否有蜱，因為它們比人更可能遭到蜱的叮咬。洗澡的時候特別注意自己的頭皮、耳後、頸部、腋窩、膕部、手腕、腹股溝這些有皮膚褶皺的地方，是否有蜱在叮咬。因為蜱的唾液裡的一些成分可以讓你感覺不到疼痛。研究發現，蜱攜帶的那些有害微生物大多是在蜱叮咬在人身上超過 24 小時後傳播給人的，如果在 24 小時內及時去除身上的蜱，可以極大地降低感染蜱傳染病的機會。

一旦發現了叮在身上的蜱，切不可捏、拽、用火或者其他東西刺激它，因為這樣做一來可能讓蜱的口器折斷在皮膚裡；二來會刺激蜱分泌更多攜帶病原體的唾液，增加感染的可能性（中國衛生部發佈的《蜱防治知識宣傳要點》中提到可用酒精或者煙頭刺激叮咬的蜱使其退出皮膚。但是美國疾病預防與控制中心卻不建議這樣做）。你要做的是找一把尖頭鑷子，盡可能靠近皮膚夾住它的口器，然後將它拔出來，不要左右搖動，以免口器斷裂。拔出蜱後，用酒精或者肥皂水清洗傷口和手。如果可能，拔下來的蜱不要扔掉，可以把它放進一個密封的塑膠袋或者瓶子凍進冰箱。這樣一旦日後不幸出現了蜱傳染病的症狀，它會幫助醫生更容易找到發病的原因。

如何控制蜱帶來的疾病？首先，我們要明白的是，蜱只是一個傳播媒介，在發生了人感染蜱傳染病的地方，一定還有其他的動物體內攜帶了相關的病原體，雖然它們可能並不會發病。由於蜱並不挑剔，它的寄主可能多種多樣，老鼠、野鳥、家禽家畜，以及寵物，都可能是蜱傳染病的源頭。在積極治療人的疾病的同

時，要做好相關宿主的調查和病原體控制。其次，一旦出現了蜱的爆發，應該在綠化帶和居民區之間建立隔離帶，像在火災時建立防火帶一樣，清除其中的雜草樹木，切斷蜱向居民區傳播的路徑。使用化學殺蟲劑也是快速有效的方法，同時，科學家們也早就展開了生物防治的研究，一些以蟲制蟲的方法已經經過檢驗，證明相當有效。

不過，可以肯定的是，蜱既不會鑽進身體裡，也不會在人身上產卵，即便被它叮咬，患病的概率也不會比因為蚊子叮咬而患病的幾率大多少，它並沒有傳說中的那麼可怕。

過年放生 真的是積德嗎？ 瘦駝

　　許多地方都有過年時放生的習俗，以求來年吉祥安康。然而，輕率、缺乏科學指導的「放生」行為，卻往往會導致「殺生」的悲劇。也許我們應該認真考慮一下放生這種習俗的合理性了。

有時候，你必須祈禱自己別碰上一個混賬塞博坦星人：邪惡霸天虎佔領了地球，把人類擄去塞博坦星做了寵物；後來善良的汽車人打敗霸天虎，人類得到了解放。汽車人決定送人類回家。然而當你滿心歡喜地走進回家的飛船，「　當」一聲艙門關閉，你卻突然發現飛船目的地赫然寫著「火星」！你扭曲的臉貼在艙門上，絕望地高喊：「你這個混球！搞錯啦！」一臉憨相的汽車人卻笑著對同伴說：「看這些可憐的小火星人，還不捨得我們呢。」然後飛船發射，永不回頭……

這個故事看起來有點無厘頭，但某些時候只有把自己想像為被放生的動物，才能更深刻理解很多放生行為的不合理之處。

2009 年 6 月，第二屆廣東休漁放生節上，志願者和愛心人士將許多小魚小蝦「小海龜」放生大海，其中一隻不願下水的「小海龜」被工作人員奮力擲進了南海。這一幕被媒體記者拍下並溫馨地登上了報紙。可惜，這位善意的工作人員一定不知道，他把一隻陸龜淹死在了海裡。照片上那隻對人類「戀戀不捨」的小龜赫然長著四條柱子一樣的腿——經鑑定，那是一隻原產於雲南、廣西的緬甸陸龜（*Indotestudo elongata*），國家二級保護動物，被世界自然保護聯盟列為瀕危物種。這隻小傢伙很可能是通過寵物交易管道來到廣東的。別說它不能下海，即便是在淡水裡也無法生存。

「放生」作為一種信仰，被受佛教影響的東亞國家廣泛接受，而在西方，它只是野生動物復育（wildlife rehabilitation）的最後一個環節。所謂野生動物復育，是指為受傷、遭遺棄或者其他需要幫助的野生動物提供救護、安置、餵養，最終使其返回自

然的處置。儘管考證起來，我們 1,000 年前就有陳玄奘放生紅鯉魚，而西方的動物復育僅僅伴隨著環保主義起源自 20 世紀 70 年代初，但短短 40 年來，動物復育已經發展成為了一個嚴謹、科學、有序的高度專業化的社會行為。在許多國家，單憑熱情是不能成為野生動物復育員（wildlife rehabilitator）的，儘管這往往只是一個志願工作，卻照樣需要證照才能執業。

國際野生動物復育理事會（International Wildlife Rehabilitation Council）和美國國家野生動物復育員協會（National WildlifeRehabilitator Association）共同制訂的《野生動物復育簡化標準》（*Minimum Standards for Wildlife Rehabilitation*）中的野生動物復育的標準化程式如下：

第一步是動物的收治。復育員要記錄目擊者發現需要救助動物的現場情況，記錄包括物種、發現地點時間等原始資訊，並向目擊者提供基本知識。陸龜被扔進海裡的悲慘事件本應在這個步驟就被攔截。

第二步是穩定動物狀況。當需要救治的野生動物被轉移到籠舍，立即對其進行評估，為動物提供安靜、溫度適宜的環境，對情況危急的動物提供急救並準備接下來檢查所用到的器材。

在這一步驟裡，我們常犯的錯誤包括：

（1）不恰當地帶走雛鳥和幼獸。這些小動物往往並不是看上去那樣被遺棄了，它們的父母可能只是為了躲避你而藏在不遠處。

（2）盲目給動物投食餵水。在沒有確定動物食性和健康狀況的前提下，這樣對動物是一種傷害。

（3）過分親近動物。野生動物不是寵物，它們怕人，在人聲鼎沸的環境下會極度驚恐。即便不是這樣，如果讓野生動物對人類產生依賴，也不利於日後的野放。另外，過分的親昵可能會導致包括禽流感在內的人畜共通傳染病的傳播。

第三步是初步檢查。為動物稱量體重、體溫，檢查視力、四肢和口腔，評估動物的營養狀況。

第四步是初步治療。包括清創、骨折固定、補液、提供藥物和營養支援。

第五步是康復治療。在一個儘量沒有人類影響的舒適環境裡為動物提供持續的營養和醫療支援，不間斷監控動物狀況，必要時為動物提供理療。

第六步，野放前訓練。在這個階段，要為動物提供室外的足夠大的活動空間，依照不同的物種讓動物進行運動。

接下來是野放評估。觀察動物運動能力是否良好，體重是否達到了平均水準，有否合適的野放地點。更重要的是觀察動物能否自主覓食並且對人類有足夠的警惕——這些回歸自然的動物遇到的下一個人即便是好心腸的，也難保不辦壞事。

最後才是放歸野外。我們在媒體上最常見到的野放場景，是成筐成袋的各種動物被帶到一個山清水秀的地方一放了之，場面很壯觀，卻是一個極大的錯誤。

野放地點的選擇很有講究，對於野外捕獲地點確切的野生動物，野放時儘量接近原處。有研究表明，將爬行和兩棲動物放回原生地方圓一千公尺之內才能保證其日後的存活。對那些不能確

定來源的野生動物，比如開頭那隻可憐的緬甸陸龜，要儘量放回接近其生境的地方。還要注意避免野放在公路附近，以免被過往的車輛傷害。

除了地點，野放的時間也很講究，冬天不是野放蛇、龜等變溫動物的好時候。對於收治的候鳥，問題要更複雜些，如果康復時已經過了遷徙季節，最好將其野放到它的遷飛目的地附近。

再如某些特殊物種，像紅耳龜，也就是所謂的巴西彩龜，還是讓它終老魚缸裡吧，這種強悍的水龜已經在許多地方造成了生態危害。

所以，下次當你遇到相關情況時，最好還是求助於專業機構，別把「放生」變成「殺生」。

無辜的緬甸金絲猴
紫鵃

鼻子朝天的金絲猴，下雨的時候怎麼辦？它們真的得把頭埋在膝蓋之間才能避免進水嗎？

金絲猴新物種！

　　一支國際野外考察隊在緬甸東北部發現了金絲猴家族的新成員，這一激動人心的新發現刊載於 2010 年 10 月 27 日的《美國靈長類學雜誌》（*American Journal of Primatology*）上。

　　這種猴子的學名叫做 *Rhinopithecus strykeri*，它同金絲猴一起在生物分類學上被歸為同一個屬，因為它們都具有仰面朝天的鼻孔，因此叫做仰鼻猴屬（*Rhinopithecus*, 拉丁文 *Rhino* 就是鼻子的意思）。緬甸當地兩個民族的語言裡，也都稱這個物種為「長著朝天鼻的猴子」。與另外四位金絲猴「表親」[*即川金絲猴*（*Rhinopithecus roxellana*）、*滇金絲猴*（*R. bieti*）、*黔金絲猴*（*R. brelichi*）*以及越南金絲猴*（*R. avunculus*）] 不同的是，這個新成員全身的毛髮大多是黑色，似乎稱之為「黑絲猴」更為合宜。不過，為了正式一點，我們還是姑且叫它緬甸金絲猴。

　　根據初步考察與緬甸金絲猴的 5 次邂逅和對當地人的採訪，科學家們總結出它生活在 1,720～3,190 公尺海拔範圍的山區，夏天它們在海拔較高的混交林或更高處的針葉林活動，而冬天也許是由於積雪的影響，它們會從高山上下來，到靠近村落的地方活動。由於地理上的屏障，這個物種過去一直沒有被外界所知。即使是在科學家們採訪的當地 33 個村落中，也有 8 個村落似乎不知道這種猴子的存在。

被發現在獵槍下時，它們已經極度瀕危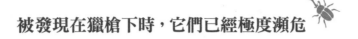

　　已知的緬甸金絲猴種群數量非常少，只剩 260～330 隻，分佈在約 270 平方公里的範圍內。而根據考察隊員對獵戶的訪問，在 2009 年裡就有至少 13 隻被獵殺。

　　按照世界自然保護聯盟的定義，三個世代之內數量會下降80%的物種就屬於極度瀕危。雖然我們對緬甸金絲猴所知甚少，但以其他金絲猴來推斷，它的一個世代至少是 6 年。假如緬甸金絲猴的出生率與自然死亡率持平（實際的情況或許更糟），按每年 13 隻的速度獵殺下去，18 年後這個物種至少會減少 234 隻，超過目前保守估計的 260 隻的種群數量的 80%。並且考察隊員們推測，未來緬甸金絲猴的生存狀況還會越來越嚴峻，威脅主要來自日益嚴重的偷獵和生境的破壞，因此可以認為這個物種極度瀕危。

朝天鼻就一定怕下雨？

　　有趣的是，當地人認為這種猴子其實並不難發現，尤其是在雨天。「你可以聽到它們打噴嚏，因為雨水進了它們的鼻子裡。」甚至有人說，這種猴子會在雨天把頭埋在膝蓋之間坐著以避免鼻子進水。

　　金絲猴們都具有朝天鼻這個可憐的特徵（要不怎麼會被稱作仰鼻猴屬），難道它們的生活真的如此不幸麼？

　　「當地人都是這樣說的，其實事實並非如此。」從 20 世紀
80 年代就開始研究滇金絲猴的中國靈長動物專家龍勇誠老師說，
「我多次在雨雪中觀察滇金絲猴，均未發現如此情況。大家可以
想想：這些猴子所居住的地方降水有時會連續一周以上，若它們
雨天就老是把頭埋在膝蓋之間，如何覓食？難道只有等死？」

　　龍老師還說：「關於金絲猴下雨打噴嚏之事，我認為這只是
個傳說。也許金絲猴是靠頭上的毛攔擋雨水流入鼻腔的，而且它
們的前額也比較突出，其上毛也較多。此外，金絲猴在下大雨時
也還是會在濃密的樹冠之下暫時躲避。」

或許中國也有此物種？

　　令人興奮的是，這一瀕危的新物種或許不只是分佈在緬甸，龍
老師認為它們也有可能分佈在中國：「我認為，滇西北的碧羅雪山
和高黎貢山也有可能存在這一物種，值得進一步調查。其實，我在
1988 年進行滇金絲猴調查時在雲龍縣的表村鄉和蘭坪縣的兔峨鄉
（均屬碧羅雪山範圍）也都聽說過此類猴子。但當時我實在無力顧
及，且迄今為止一直未能得到標本，這才未能有所突破。」

　　但龍老師補充道：「但這一地區極為偏僻，其原始森林總面
積達近萬平方公里，是中國原始森林最集中的地區之一，單憑個
人或某一機構的力量，難以承擔如此艱巨的野外調查任務，需要
國家統一組織實施方能奏效。況且，這一地區具有全球生物多樣

性保護的戰略意義，完全值得我們為之付出更大努力。」

　　如果我們大家都去給這樣的物種多一些的關注，情況也許會更加樂觀。那樣的話，我們將有機會更加瞭解那些高山深谷間神秘的原始森林，並且更科學地保護它們——我們國土上為數不多的伊甸園。

「血燕」真的存在嗎？

famorby

　　談到吐血的鳥兒，「杜鵑啼血」恐怕就是一個典型了，不過，大多數人想必都清楚，這只是文人騷客表達哀怨之情罷了。那麼，傳說中的「血燕」，即由金絲燕在築巢時嘔心瀝血，吐出帶血的唾液完成的燕窩，到底是真的還是跟杜鵑的故事一樣，只是個比喻？

「燕子吐血」，噱頭！

　　要弄清楚「血燕」，先得知道燕窩是怎麼一回事。燕窩是金絲燕以唾液黏合數量不等的羽毛、草莖等材料凝結而築成的巢，能營造可食燕窩的金絲燕有好幾種，其中主要是爪哇金絲燕（**主要分佈在亞洲熱帶地區**）。根據採摘地點的不同，燕窩分為洞燕和屋燕，採集於天然山洞中的野生金絲燕所築的巢便是洞燕，而在人工搭建的燕屋中築巢的金絲燕則出產屋燕。根據不同的色澤，燕窩還可分為白燕、黃燕和紅燕，其中紅燕就是所謂的「血燕」。

　　金絲燕平時懸掛在洞壁或燕屋的木板上休息，築巢是為了產卵和育雛。在產業化的燕屋中，為了確保金絲燕的健康和燕窩的品質，燕窩都得等小鳥成長失去功能後，才會被採集。但棲息在洞穴中的野生金絲燕則得不到這樣的優待，往往鳥兒還沒來得及產卵，剛築成的燕窩就被人們採摘走了。第一次築巢時，金絲燕時間充裕、身體健壯，燕窩基本全由唾液組成，質地最純淨，這樣的燕窩古時被稱為「官燕」，用來進貢。為了完成傳宗接代的使命，苦命的鳥兒不得不再次築巢，但繁殖季節在即，大量唾液也被消耗掉了，鳥兒便用許多羽毛或草莖作為材料，以唾液黏合起來築巢，這樣的燕窩被稱為「毛燕」和「草燕」。

　　傳說中，當金絲燕連著兩次窩被端後，第三次築巢時會因體力消耗過度，連血也吐了出來，這種帶血的唾液築成的巢就是血燕。這類傳言認為，血燕是金絲燕竭盡生命嘔心瀝血而成，所以營養價值特別高。

　　但到目前為止，沒有任何證據能證實燕子吐血的說法。馬來西亞農業部副部長蔡智勇和燕窩商聯合會秘書馬瑞來直言，沒有燕子吐血這回事，築窩吐出血絲的「血燕」是商家為了獲取更高利潤而製造的噱頭。事實上，無論多少次築巢，屋燕都是白色的，而真正可能形成紅色燕窩的天然「血燕」只存在於洞燕中。而且，金絲燕既然懂得用羽毛、草莖作為建築材料，苛待自己吐血築巢又是何苦來哉呢？

「血燕」的紅色從何而來？

　　極少部分能稱得上是「血燕」的燕窩雖然色澤為紅色，但其中並不含有血液成分，現在，業界普遍認為這種色澤是洞壁的礦物滲入普通白色燕窩中形成的。

　　關於「血燕」的成因，曾經有人提出特定品種的金絲燕能築出紅色的巢，也有人認為這是飲食等外界因素導致金絲燕唾液發紅，但學者通過 DNA 檢測否定了品種說，而燕窩顏色只與巢在洞穴中的位置有關，則推翻了飲食說。據攀爬過燕窩山的人介紹，山洞週邊的巢都是珍珠白色的，越往裡面走，岩壁上的燕巢開始是珍珠黃色、橘黃色（黃燕），然後抵達最深、最悶熱的洞腹裡，才看到「血燕」。

　　對燕窩的氮及氨基酸含量分析顯示，不同產地的燕窩在氨基酸、蛋白質等方面成分差異較小，而在各種礦物質含量方面差異

很大,也說明岩洞的礦物成分能滲入燕窩中。目前,呈現天然紅色的「血燕」只有泰國等少數產地出產,推測是因為只有這些產地的洞穴中的岩石含有較多可溶於水的特定礦物成分。同時,在空氣較為乾燥、空氣流通的洞穴週邊也不利於產生化學反應。只有在潮濕悶熱的洞穴深處,礦物質滲入白色燕窩中,又經過氧化等化學過程,才形成鐵銹紅色的天然「血燕」。

「血燕」,危險!

雖然「血燕」與「吐血」無關,但市售「血燕」的真相卻能讓人吐血。

在 2011 年 8 月的浙江省血燕產品專項清查行動中,抽檢發現血燕產品亞硝酸鹽含量普遍超標,問題血燕主要來源於馬來西亞,一些經銷商承認市售「血燕」其實是白燕窩薰製或染色後製成的,加工過程中使用了大量亞硝酸鹽。

而中華燕窩行業公會秘書長官茂智表示,真正的「血燕」不是完全沒有,而是非常稀少。市面上紅色均勻的血燕,百分百為人工產品,「這個加工行為已經存在十年左右」。據馬來西亞燕窩商聯合會主席馬興松披露,不良商家偷偷以燕子糞便,將廉價燕窩薰至血紅色,當成血燕出售牟取暴利。

在一些燕窩出產地區,由於對燕窩的採摘不加節制,野生金絲燕還遭遇嚴峻的生存危機,而目前部分品種的金絲燕,如關島

金絲燕（*Aerodramus bartschi*）等，都已經處於瀕危狀態。印度科學家曾在 20 世紀末對燕窩產地安達曼－尼科巴群島進行實地考察，結果顯示，當地金絲燕數量在 10 年間下降了 80% 以上。而在我國海南的萬寧大洲島，2002 年僅採摘到 2 個燕窩，因此 2003 年開始了為期 3 年的禁採，但三年後金絲燕種群的數量恢復並不明顯，據觀察，此地的金絲燕只有 15 隻左右。

　　可見，金絲燕雖然不會真的去吐血築巢，但卻有可能死於人類的掠奪，若不加以管控，「血燕」一詞，恐怕會更像是大自然泣血的控訴。

作者介紹

among　自然鐵粉

DRY　動物學博士，漁業研究人員

famorby　動物遺傳學碩士

Greenan　中國科學院動物研究所動物生態學博士

heyyeti　鳥類生態學碩士

Le Tournesol　海洋生物學博士，海洋甲殼動物研究人員

linki　海洋生物學碩士

poguy　地球與環境科學博士生，科學松鼠會成員

Tatsuya　野性中國工作室物種項目負責人

YZ　加州大學伯克利分校生物學博士生

本子　北京大學系統與進化植物學博士

吼海雕　環境科學與工程專業

花落成蝕　果殼網主題站編輯

沙漠豪豬　植物學碩士，高中生物教師

瘦駝　科普作家，科學松鼠會成員

水軍總啼嘟　環境流體力學博士生，科學松鼠會成員

桃之　瑞典林奈大學生態學碩士

無窮小亮　中國農業大學農業昆蟲與害蟲防治專業碩士

鷹之舞　瑞典烏普薩拉大學生態學碩士生

紫鷸　華盛頓大學植物生態學博士生

注：本書所有文章的參考資料，可以在果殼網（guokr.com）根據作者和文章名查找。

國家圖書館出版品預行編目（CIP）資料

離開叢林太多年：自然控的動物科學教室 / 果殼
Guokr.com作品. -- 初版. -- 臺北市：信實文化行
銷, 2015.05
面； 公分. -- (What's look)
ISBN 978-986-5767-66-2（平裝）

380   104006370

What' s Look

離開叢林太多年：自然控的動物科學教室

作者	果殼 guokr.com 著
總編輯	許汝紘
副總編輯	楊文玄
美術編輯	楊詠棠
行銷企劃	陳威佑
網路行銷	劉文賢
發行	許麗雪
出版	信實文化行銷有限公司
地址	台北市大安區忠孝東路四段 341 號 11 樓之三
電話	（02）2740-3939
傳真	（02）2777-1413
網址	www.whats.com.tw
E-Mail	service@whats.com.tw
Facebook	https://www.facebook.com/whats.com.tw
劃撥帳號	50040687 信實文化行銷有限公司

印刷	皇城廣告印刷事業股份限公司
地址	新北市中和區永和路 193 號
電話	（02）2246-0548

總經銷	高見文化行銷股份有限公司
地址	新北市樹林區佳園路二段 70-1 號
電話	（02）2668-9005

本書原出版者為：清華大學出版社。中文簡體原書名為：《鳥與獸的通俗生活》。
版權代理　　中圖公司版權部。本書由清華大學出版社授權信實文化行銷有限公司
在臺灣地區獨家出版發行。

更多書籍介紹、活動訊息，請上網輸入關鍵字 高談網路書店 搜尋